现代机械设计及其新技术

张　涛　谈哲林　杨东晖　著

哈尔滨出版社
HARBIN PUBLISHING HOUSE

图书在版编目（CIP）数据

现代机械设计及其新技术 / 张涛, 谈哲林, 杨东晖
著. -- 哈尔滨 : 哈尔滨出版社, 2024. 7. -- ISBN 978-
7-5484-8061-7

Ⅰ. TH122

中国国家版本馆CIP数据核字第202491W0P9号

书　　名：现代机械设计及其新技术
XIANDAI JIXIE SHEJI JI QI XINJISHU

作　　者：张　涛　谈哲林　杨东晖　著
责任编辑：韩伟锋
封面设计：蓝博设计

出版发行：哈尔滨出版社（Harbin Publishing House）
社　　址：哈尔滨市香坊区泰山路82-9号　　**邮编：**150090
经　　销：全国新华书店
印　　刷：永清县晔盛亚胶印有限公司
网　　址：www.hrbcbs.com
E-mail：hrbcbs@yeah.net
编辑版权热线：（0451）87900271　87900272
销售热线：（0451）87900201　87900203

开　　本：710mm × 1000mm　1/16　**印张：**12.5　**字数：**210千字
版　　次：2025年1月第1版
印　　次：2025年1月第1次印刷
书　　号：ISBN 978-7-5484-8061-7
定　　价：78.00元

前言

Preface

在这个信息爆炸的时代，机械设计领域正迅速发展，充满了挑战和机遇。本书旨在系统性地介绍现代机械设计的关键概念、原理和新技术，为工程领域的专业人士、学生和研究人员提供了一次深入了解现代机械设计领域的机会。

在现代工程实践中，机械设计已经不再局限于传统的机械制造工艺，而是涵盖了诸如计算机辅助设计（CAD）、计算机辅助制造（CAM）、仿真、虚拟设计、新材料应用、智能化与自动化机械设计、增材制造技术（3D 打印），以及机器学习与人工智能等新技术和新方法。这些技术的应用不仅使得机械设计更加高效和精确，同时也拓展了设计师们的创作空间，促进了工程领域的创新和发展。

本书分为九个章节，从导论开始，介绍了研究的背景、动机和意义，随后概述了现代机械设计的基本定义、原理和发展趋势。接下来的章节则深入探讨了各种关键技术的应用，包括 CAD、CAM、仿真、虚拟设计、新材料应用、智能化与自动化机械设计、增材制造技术，以及机器学习与人工智能。每一章节都配有具体的案例分析，旨在帮助读者更好地理解这些技术的原理和应用。

本书的编写得益于作者多年来在机械设计领域的深厚积累和实践经验，他们不仅掌握丰富的理论知识，还深入参与了各种工程项目，积累了大量的实践经验。因此，本书不仅具有较高的学术水平，而且具有很强的实用性，可以满足不同读者群体的需求。

最后，我要感谢所有为本书的编写和出版做出贡献的人员，包括作者、审稿人、编辑和出版社的工作人员。希望本书能够成为机械设计领域的一部重要的参考资料，为读者在工程实践中提供帮助和指导。

前言

Preface

目 录
Contents

第一章　导论

第一节　研究背景和动机

一、研究背景

随着科学技术的飞速发展，中国现代机械设计制造行业正处于一个显著的发展时期。这一行业在过去几十年里经历了巨大的变革和发展，从传统的手工制造向现代化、自动化的生产模式转变。这一转变的核心是现代机械设计制造工艺的引入和应用，它极大地提高了生产效率、降低了成本，并使得中国的机械制造行业在国际市场上具备了更强的竞争优势。

现代机械设计制造工艺的应用不仅满足了市场对机械产品的日益增长的需求，而且推动了整个行业向着智能化、网络化和虚拟化的方向迈进。这些先进工艺的引入，例如计算机辅助设计（CAD）、计算机辅助制造（CAM）、增材制造技术（3D 打印）等，使得机械制造行业从传统的生产方式转向了数字化、智能化的生产模式。通过 CAD 技术，设计师们可以更快速地创建和修改产品设计，大幅缩短了产品的开发周期；CAM 技术则使得数控加工变得更加精准和高效；而 3D 打印技术则为定制化生产和快速原型制作提供了全新的解决方案。

这些先进工艺的广泛应用不仅带来了生产效率和质量的提升，而且也促进了整个行业的技术创新和发展。随着智能化、网络化和虚拟化技术的不断发展，机械设计制造行业将迎来更多的机遇和挑战。例如智能化制造将会改变传统的生产模式，使得生产过程更加智能化和灵活化；网络化技术将会改变企业之间的合作方式，促进资源的共享和优化利用；虚拟化技术将会改变产品设计和生产的方式，实现产品的快速迭代和定制化生产。

因此，现代机械设计制造工艺备受机械制造行业的重视和欢迎。它不仅推动了整个行业向着更高水平的发展，而且也为中国制造业的转型升级提供了重要支撑。随着技术的不断创新和发展，相信现代机械设计制造工艺将会在未来发挥更加重要的作用，为中国的制造业注入新的活力和动力。

二、研究动机

（一）行业需求驱动

随着市场竞争的加剧，机械制造行业对于提高生产效率、降低成本、提升产品质量的需求日益迫切。这些需求不仅是企业生存和发展的关键，也是行业持续发展的动力源泉。深入研究现代机械设计制造工艺，探索更加先进、高效的技术应用成为当下的迫切需求和必然选择。

第一，提高生产效率是机械制造行业面临的首要挑战之一。随着市场需求的不断增长和客户需求的多样化，企业需要更快速地响应市场变化，实现生产周期的缩短。现代机械设计制造工艺的研究和应用可以通过优化生产流程、提高设备利用率、减少生产中的浪费和损耗等方式，有效提高生产效率，提升企业的竞争力。

第二，降低成本是机械制造行业必须面对的重要挑战之一。在全球经济环境不确定的情况下，企业需要不断降低生产成本，提高盈利能力。现代机械设计制造工艺的研究可以通过优化设计、节约能源、提高设备利用率等方式，降低生产成本，提高企业的盈利能力和抗风险能力。

第三，提升产品质量也是机械制造行业必须关注的重要问题。随着消费者对产品质量要求的不断提高，企业需要不断提升产品质量水平，确保产品符合客户的需求和期望。现代机械设计制造工艺的研究可以通过提高生产工艺的稳定性、优化产品设计、加强质量控制等方式，提升产品质量水平，树立企业的良好品牌形象，赢得客户的信赖和支持。

（二）技术进步引领

科技的不断进步为现代机械设计制造工艺的发展带来了广阔的空间和新的可能性。这种进步不仅是对过去技术的改进和优化，更是对未来发展方向的探索和开拓。通过深入研究现代机械设计制造工艺，我们可以更好地把握技术发展的脉搏，引领行业向着更高水平发展。

第一，科技的不断进步为机械设计制造工艺提供了更加精密和高效的工具和方法。例如计算机辅助设计（CAD）技术的不断发展使得产品设计变得更加灵活和高效，可以快速创建、修改和优化产品设计方案；计算机辅助制造（CAM）技术的应用则可以将设计好的产品模型直接转化为加工程序，实现数字化的生产过程，大大提高了生产效率和加工精度。

第二，新材料和先进制造技术的不断涌现为现代机械设计制造工艺的发展提供了新的动力源。随着纳米技术、生物技术、材料科学等领域的快速发展，新材料的研发和应用不断推动着产品性能的提升和产品结构的创新。例如复合材料、超高强度钢、功能性陶瓷等新材料的应用使得产品具备了更加优异的性能和更广泛的应用领域；而 3D 打印、激光切割、数控加工等先进制造技术的应用则为产品的定制化生产和快速原型制作提供了全新的解决方案。

第三，智能化、自动化和数字化技术的不断创新和应用为现代机械设计制造工艺的发展带来了新的发展机遇。随着人工智能、物联网、大数据等技术的广泛应用，传统的生产模式正在向着智能化、网络化和虚拟化的方向发展。智能制造系统可以根据生产现场的实时数据进行智能调度和优化，实现生产过程的智能化和自适应化；而工业机器人、自动化生产线等自动化设备的广泛应用则可以大大提高生产效率和产品质量水平。

（三）提升竞争力

深入研究现代机械设计制造工艺对于提升企业竞争力具有重要意义。这种竞争力的提升不仅涉及企业自身的技术实力和创新能力，更需要加强行业内部的交流与合作，共同推动整个行业的发展，实现良性竞争与合作共赢。

第一，通过深入研究现代机械设计制造工艺，企业可以提升自身的技术实力和创新能力。在竞争日益激烈的市场环境下，只有不断创新、不断提升技术水平，才能在激烈的竞争中立于不败之地。深入研究现代机械设计制造工艺，可以帮助企业了解行业最新的技术趋势和发展动态，掌握关键的核心技术，提升产品的技术含量和附加值，从而更好地满足市场需求，赢得竞争优势。

第二，加强行业内部的交流与合作，是提升整个行业竞争力的重要途径之一。现代机械设计制造工艺涉及多个领域和多个环节，需要不同企业之间的密切合作和协同发展。通过行业内部的交流与合作，企业可以共享资源、共同研发新技术、共同解决技术难题，提高整个行业的创新能力和竞争力。同时，行业内部的交流与合作还可以促进企业之间的互相学习和借鉴，推动行业技术的共同提升，实现行业内部的良性竞争与合作共赢。

第三，加强行业协会和行业组织的建设，也是提升整个行业竞争力的重要举措之一。行业协会和行业组织作为行业内部的组织和平台，可以促进企业之间的交流与合作，推动行业技术的共同进步，为行业的健康发展提供组织保障和服务支持。通过加强行业协会和行业组织的建设，可以增强行业的凝聚力和合作力，形成行业内部的良好合作氛围，共同推动整个行业向着更高水平、更可持续的方向发展。

第二节 研究目的和意义

一、研究目的

第一，本研究将深入探讨现代机械设计制造工艺中的关键技术和方法。这包括计算机辅助设计（CAD）、计算机辅助制造（CAM）、仿真技术、虚拟设计技术等方面的研究。通过对这些关键技术和方法的深入探讨，可以全面了解其原理、特点以及应用领域，为行业的技术创新和发展提供理论支持和指导。

第二，本研究将分析现代机械设计制造工艺的发展趋势。随着科学技术的不断进步和市场需求的不断变化，现代机械设计制造工艺也在不断发展和演变。通过对发展趋势的分析，可以更好地把握行业发展的方向，为企业未来的技术布局和发展方向提供参考和指导。

第三，本研究将探索现代机械设计制造工艺在提高生产效率、降低成本、提升产品质量等方面的应用潜力。现代机械设计制造工艺的应用不仅可以提高生产效率、降低成本，还可以提升产品质量，满足市场对产品的高品质需求。通过对应用潜力的探索，可以为企业提供更加有效的生产解决方案，提高企业的竞争力和市场占有率。

二、研究意义

本研究的意义主要体现在以下几个方面：

（一）促进产学研合作

第一，需要加强产学研合作机制的建设，建立健全的产学研合作平台。这包括建立行业联合实验室、科技创新中心、技术转移中心等机构，为企业、高校和科研院所之间的合作提供便利和支持。同时，还需要建立产学研合作的长效机制，明确合作的目标、内容和责任分工，建立双向沟通的机制，保障合作的顺利进行。

第二，深化产学研合作内容

需要深化产学研合作的内容，开展多层次、多领域的合作项目。具体可以开展联合科研项目、共建研发中心、开展科技成果转化等合作内容。通过产学研合作，可以充分发挥各方的优势和资源，共同攻克关键技术难题，加快科研成果的转化和应用，推动技术创新和产业升级。

第三，需要促进产学研合作成果的转化和应用，实现科研成果的产业化和市场化。这包括建立技术转移机制、加强知识产权保护、推动产学研合作项目的产业化推广等措施。通过促进产学研合作成果的转化，可以将科研成果转化为实际生产力，推动产业的发展和经济的增长。

（二）提升企业核心竞争力

第一，企业需要通过对现代机械设计制造工艺的研究，深入了解行业发展趋势和技术前沿。现代机械设计制造工艺涉及多个领域和多个技术层面，包括CAD/CAM技术、智能制造、增材制造等。通过对这些技术的研究，企业可以及时掌握行业最新的技术动态和发展趋势，为企业未来的技术布局和发展方向提供参考和指导。

第二，通过对现代机械设计制造工艺的研究，企业可以提升自身的技术实力和创新能力。现代机械设计制造工艺涉及多种复杂的技术和工艺，需要企业具备一定的技术实力和创新能力才能够应对市场的挑战。通过研究相关技术和工艺，企业可以不断提升自身的技术水平，积累技术经验，培养技术人才，从而提升企业的核心竞争力。

第三，通过对现代机械设计制造工艺的研究，企业可以优化产品和服务质量，提升客户满意度和市场竞争力。现代机械设计制造工艺的研究不仅可以帮助企业设计出更加优秀的产品，还可以优化生产流程、提高生产效率、降低生产成本，从而提供更加优质的产品和服务，满足客户不断提高的需求和期望。

（三）推动行业可持续发展

第一，现代机械设计制造工艺的研究可以促进绿色制造和资源节约。通过优化设计和制造工艺，减少能源消耗和排放，降低废物排放和环境污染，实现对资源的有效利用和循环利用。例如采用先进的CAD/CAM技术和增材制造技术可以减少材料浪费，优化生产流程可以减少能源消耗，推动行业向绿色制造的方向转变。

第二，现代机械设计制造工艺的研究可以推动智能制造和技术创新。通过引入人工智能、大数据分析、物联网等先进技术，实现生产过程的智能化和自动化，提高生产效率和产品质量。同时，不断开展技术创新，推动行业向更高水平发展。例如智能化的制造设备可以实现生产过程的智能监控和控制，提高生产效率和产品质量，促进行业的可持续发展。

第三，现代机械设计制造工艺的研究可以倡导循环经济和产业升级。通过建立循环经济的理念和机制，推动资源的有效利用和再生利用，实现资源的可持续利用和循环利用。同时，不断推动产业升级，加快技术进步和产业结构调整，提高行业整体竞争力和可持续发展能力。例如推动机械制造行业向高端、智能化、绿色化方向发展，推动产业升级和转型升级。

第三节　研究范围和方法

一、研究范围

第一，研究将对现代机械设计制造工艺的基本概念和原理进行系统梳理和深入分析。这包括机械设计的基本原理、制造工艺的基本概念，以及现代机械设计制造工艺的发展历程和主要特点等内容。通过对基本概念和原理的研究，可以建立起对该领域的深刻理解，为后续研究提供理论基础。

第二，研究将重点关注 CAD（计算机辅助设计）、CAM（计算机辅助制造）和 CAE（计算机辅助工程）技术在机械设计制造中的应用。这些技术在现代机械制造中起着至关重要的作用，能够有效提高设计制造效率、降低成本、优化产品性能。研究将探讨这些技术的原理、方法和最新进展，以及它们在实际工程中的具体应用案例。

第三，研究将关注新材料、智能化装备、增材制造技术等先进技术在机械制造中的应用。随着科技的不断进步，新材料和智能化装备等技术已经成为现代机械制造的重要组成部分，而增材制造技术则为传统制造带来了全新的可能性。研究将分析这些技术的特点、发展趋势以及在机械设计制造中的具体应用场景，并探讨它们对整个行业的影响和意义。

第四，研究将探讨机器学习、人工智能等新兴技术在机械设计制造中的应用。随着人工智能技术的快速发展，其在机械设计制造领域的应用也越来越广泛。研究将分析这些新兴技术的原理、方法和应用场景，探讨它们在提高生产效率、优化设计方案、改善产品质量等方面的潜力和前景。

二、研究方法

（一）文献综述

在文献综述阶段，我们将广泛搜集并系统分析现代机械设计制造工艺领域的相关文献。这些文献包括学术期刊、会议论文、专业书籍和行业报告等，涵盖领域内的最新研究成果和技术进展。通过综合评述和分析，我们将了解行业的发展现状、技术热点和前沿趋势，为研究提供理论基础和指导方针。

（二）案例分析

在案例分析阶段，我们将选择具有代表性和典型性的案例，深入分析其在现代机械设计制造工艺中的应用和实践经验。这些案例可能来自不同行业、不同国家或地区的企业或研究机构，涉及 CAD/CAM/CAE 技术、新材料应用、智能化装备等方面。通过对案例的详细解读和分析，我们将总结出行业内部的成功经验和值得借鉴的做法，为实际工程提供经验积累和借鉴参考。

（三）实地调研

实地调研是获取第一手资料和深入了解行业动态的重要手段。我们将通过参观企业、实验室、工厂，以及参加行业会议和交流活动等方式，与行业内部的专家、从业人员和决策者进行深入交流和访谈。通过现场观察和沟通交流，我们将收集行业内部的最新动态、技术趋势和市场需求，为研究提供实践支撑和数据支持。

（四）模拟仿真

通过建立相应的模型和参数，我们将对不同的技术方案进行仿真分析，评估其效果和可行性。模拟仿真可以帮助我们在虚拟环境中测试和优化设计方案，减少试错成本，提高工作效率。同时，我们还将针对仿真结果进行数据分析和统计，为实际应用提供科学依据和参考建议。

第二章　现代机械设计概述

第一节　机械设计的定义与原理

一、机械设计的基本概念和范畴界定

机械设计作为机械工程领域的重要分支，承载着对机械结构和系统进行设计、分析和优化的任务。其核心在于在满足特定功能需求的前提下，运用机械原理和工程技术，实现机械产品的设计与制造。这一领域涵盖了广泛的范畴，从简单的零部件设计到复杂的机械系统集成，从传统机械到现代智能装备的设计与开发，无一不在其范围之内。

（一）机械设计的基本概念

机械设计是一门综合性学科，其基本概念包括：

1. 功能性

在机械设计中，功能性是设计的首要考量因素之一。产品的设计需要满足特定的功能需求，这包括产品的运动、传动、承载等方面。例如一台机械设备的设计必须确保能够完成预期的加工、运输或其他工作任务。因此，在设计过程中，需要明确产品的功能需求，并通过合适的设计手段来实现这些功能，以确保产品能够顺利完成其预期任务。

2. 可靠性

可靠性是机械设计中非常重要的一个方面，它关乎产品在各种工作条件下的稳定性和可靠性。设计师需要考虑产品在不同环境和负载条件下的工作表现，以保障产品在长期使用中的安全和可靠性。在设计过程中，需要充分考虑各种可能的工作情况和负载条件，采取合适的设计措施来提高产品的可靠性和稳定性，例如通过优化结构设计、材料选择和工艺控制等手段来提升产品的使用寿命和稳

定性。

3. 经济性

经济性是设计中另一个重要考虑因素，它涉及在满足功能和可靠性的前提下，尽量降低产品的成本，提高生产效率和经济效益。在竞争激烈的市场环境下，产品的成本对企业的竞争力至关重要。因此，设计师需要在保证产品质量和性能的前提下，尽量采用成本较低的材料和工艺，优化产品的结构设计，提高生产效率，以降低产品的制造成本，提高企业的经济效益。

4. 制造性

制造性是指产品的设计应考虑到产品的制造过程和工艺要求，以确保产品能够顺利生产并达到预期的质量要求。在产品设计阶段，需要充分考虑到产品的可制造性，避免设计上的不合理性导致生产过程中的困难和问题。为此，设计师需要了解生产工艺的要求，合理安排产品的结构和尺寸，优化零部件的加工和装配方式，以确保产品能够在生产过程中达到预期的质量水平。

5. 安全性

安全性是产品设计中至关重要的考量因素之一。产品在使用过程中必须确保不会对操作人员和环境造成危害，以保障使用安全。因此，在产品设计阶段，需要充分考虑产品的安全性要求，采取合适的安全设计措施，如设置防护装置、强化结构强度、优化操作界面等，以减少事故的发生，保障使用者的安全。

（二）范畴界定

1. 零部件设计

零部件设计是机械工程领域中至关重要的一环，它涉及了各种机械零部件的设计与优化，包括但不限于轴承、齿轮、联轴器、轴、螺栓等。这些零部件构成了机械装置的基本组成部分，对机械设备的性能和可靠性具有直接影响。在零部件设计中，设计师需要综合考虑多个方面，确保零部件能够满足预期的使用要求。

第一，零部件设计需要充分考虑其功能需求。不同的零部件具有不同的功能，例如轴承需要承受载荷并保持旋转部件的运动顺畅，齿轮需要传递动力并改变转速和转矩。因此，在设计过程中，设计师需要明确零部件的功能要求，并根据这些要求来确定设计的目标和约束条件。

第二，材料选择是零部件设计中的关键步骤之一。不同的材料具有不同的力学性能、耐磨性和耐腐蚀性，因此，设计师需要根据零部件的使用环境和工作条件，选择合适的材料。例如在高温环境下工作的零部件可能需要选用耐高温的合金材料，而在潮湿环境下工作的零部件可能需要选用不锈钢材料。

结构设计是零部件设计的核心内容之一。在结构设计中，设计师需要考虑到零部件的形状、尺寸、布局和连接方式等方面。合理的结构设计可以提高零部件的强度和刚度，降低其重量和成本，从而提升整体性能和可靠性。

第三，工艺制造是零部件设计中不可忽视的一环。设计师需要考虑到零部件的制造成本、制造难度和制造周期等因素，在设计过程中充分考虑到工艺性和制造可行性。合理的工艺制造方案可以降低零部件的制造成本，提高生产效率，从而增强竞争优势。

2. 机构设计

机构设计作为机械工程领域的重要组成部分，涉及了各种机械传动、转动和运动机构的设计与优化。这些机构包括但不限于连杆机构、减速机构、转动机构等，它们在机械系统中扮演着关键的角色，直接影响着机械设备的运动性能、效率和可靠性。

第一，在机构设计中，设计师需要充分考虑机构的运动学特性。这包括机构的运动轨迹、速度、加速度等方面的分析和设计。通过对机构运动学特性的分析，设计师可以确定合适的机构类型和结构布局，以实现所需的运动功能。

第二，机构设计还需要考虑到机构的动力学特性。这包括机构的惯性、力学特性以及动力传递效率等方面的分析和优化。通过对机构动力学特性的分析，设计师可以确定合适的传动比、减速比和动力传递方式，以实现机构的稳定运行和高效传动。

第三，在机构设计中，结构强度也是一个重要的考虑因素。机构需要能够承受来自外部载荷和运动惯性力的作用，因此设计师需要对机构的结构进行合理的强度分析和设计。通过采用合适的材料、结构形式和强度设计方法，设计师可以确保机构在运行过程中不会发生失效或损坏。

第四，机构设计需要综合考虑以上因素，以实现机构的稳定运行和高效传动。设计师需要运用机械原理、运动学、动力学、材料力学等相关知识，通过合理的设计和优化，打造出满足要求的高性能、高可靠性的机构。同时，随着数字化设计和仿真技术的发展，设计师还可以利用计算机辅助设计软件进行机构设计和分析，提高设计效率和准确性。

3. 机械系统设计

一个完整的机械系统通常由多个组成部分组合而成，包括各种零部件、机构、传动装置、控制系统等，它们共同协作以实现特定的功能和性能要求。在机械系统设计中，设计师需要综合考虑各个组成部分之间的协调性、匹配性以及相互作用，以确保整个系统能够稳定运行、高效工作并满足设计要求。

第一，机械系统设计需要从整体的角度考虑系统的结构设计。这包括确定系统的整体布局、组件的排列方式，以及结构的稳定性和刚度等。设计师需要根据系统的功能和工作环境，合理安排各个组件的位置和连接方式，以确保整个系统具有良好的结构强度和稳定性。

第二，机械系统设计需要进行动力传递设计。这包括确定合适的传动装置、传动比、传动方式和动力传递效率等。设计师需要根据系统的功率需求、运动要求和负载特性，选择合适的传动装置和传动方式，以实现动力的有效传递和控制。

第三，机械系统设计还需要考虑到系统的控制系统设计。这包括确定系统的控制策略、传感器和执行器的选择，以及控制算法的设计。设计师需要根据系统的功能要求和性能指标，选择合适的控制方案和硬件设备，以实现对系统的精确控制和调节。

第四，机械系统设计需要进行系统级的综合分析和优化。设计师需要对系统的各个方面进行综合考虑和分析，找出潜在的问题和优化空间，并通过合适的方法和工具进行系统级的优化和改进。这包括使用计算机辅助设计软件进行系统仿真和优化，以提高设计效率和准确性。

4. 机械装备设计

机械装备设计是机械工程领域中的重要组成部分，涉及了各种机械设备、工具和机械装置的设计与制造。这些机械装备广泛应用于工业制造、农业生产、交通运输等多个领域，对于推动经济发展、提高生产效率具有重要意义。在机械装备设计中，设计师需要考虑到多个方面的因素，以确保设计出满足用户需求、性能稳定可靠的机械装备，并尽可能地降低制造成本、提高使用安全性。

第一，机械装备设计需要充分理解用户的使用需求和环境条件。设计师需要与用户沟通，了解用户的具体需求、功能要求和使用场景，以确保设计出的机械装备能够满足用户的实际需求，并在特定的环境条件下稳定可靠地运行。

第二，机械装备设计需要进行结构设计和工艺设计。在结构设计阶段，设计师需要考虑到机械装备的整体结构布局、各个部件之间的连接方式和传动方式等，以实现功能的有效实现和运动的稳定传递。在工艺设计阶段，设计师需要考虑到机械装备的制造工艺、加工工艺和装配工艺，以确保机械装备能够顺利制造和装配，并具有良好的制造质量。

第三，机械装备设计还需要考虑到制造成本和使用安全性。设计师需要在满足用户需求的前提下，尽可能地降低机械装备的制造成本，提高制造效率和经济效益。同时，设计师还需要考虑到机械装备的使用安全性，设计相应的安全保护装置和安全控制系统，以确保机械装备在使用过程中不会对人员和环境造成危害。

5. 现代智能装备设计

现代智能装备设计是机械工程领域中的一个重要方向，它将数字化、智能化和自动化技术应用于机械设备的设计与制造中，以提高生产效率、降低成本、改善产品质量和实现智能化管理。在现代智能装备设计中，设计师需要深入研究和应用多项先进技术，以满足不断增长的市场需求和用户期望。

第一，智能控制技术是现代智能装备设计的核心之一。通过引入先进的控制算法和智能化控制系统，可以实现机械设备的自主运行、智能调度和远程监控。例如采用 PID 控制、模糊控制、神经网络控制等算法，可以实现对机械设备运行状态的精准监测和实时调节，提高了设备的运行稳定性和生产效率。

第二，传感器技术在现代智能装备设计中起着至关重要的作用。传感器可以实时监测机械设备的运行状态、环境条件和生产参数，并将数据传输至控制系统进行分析和处理。各种传感器，如温度传感器、压力传感器、位移传感器等，为智能装备提供了丰富的信息和反馈，实现了对生产过程的精细化监控和管理。

第三，数据分析技术是现代智能装备设计的关键支撑。通过对传感器采集到的数据进行分析和挖掘，可以发现生产过程中的潜在问题和优化空间，为制定合理的生产调度和优化方案提供数据支持。同时，结合大数据和人工智能技术，可以实现对生产数据的深度挖掘和智能化决策，进一步提高生产效率和产品质量。

二、机械设计的核心原理与基本流程

（一）核心原理

1. 功能需求原理

机械产品的设计首先需要明确用户的功能需求，这是设计的出发点和目标。设计师需要与用户充分沟通，了解用户的需求和期望，确定产品的功能性指标和性能要求。只有在充分了解用户需求的基础上，设计出满足用户期待的产品，才能够取得成功。

2. 结构原理

结构原理是指机械产品的各个零部件之间的相互作用和协调关系。在设计过程中，需要考虑零部件的布局、连接方式、支撑结构等，以实现整体结构的稳定性和可靠性。合理的结构设计能够有效地减少零部件的磨损和损坏，提高产品的使用寿命和可靠性。

3. 材料原理

材料原理是指在设计过程中选择合适的材料，以满足产品的使用要求。在选择材料时，需要考虑使用环境、负载条件、制造成本等因素，以确保产品具有良好的机械性能、耐久性和经济性。合适的材料选择能够提高产品的性能和品质，降低制造成本。

4. 制造工艺原理

制造工艺原理是指根据产品的设计要求选择合适的加工方法和工艺流程，以实现产品的高效生产和优良质量。在制造过程中，需要考虑到加工精度、工艺可行性、生产周期等因素，选择最佳的制造工艺方案。优秀的制造工艺能够提高生产效率，降低制造成本，保证产品质量。

5. 可维护性原理

可维护性原理是指设计产品时考虑产品的维护和维修性能，以便用户能够方便地维护和使用产品。设计师需要考虑到零部件的易更换性、维护工具的便捷性、维修手册的编写等方面，提高产品的可维护性和可维修性，延长产品的使用寿命。

6. 成本原理

成本原理是指在保证产品功能和质量的基础上，尽可能地降低生产成本。设计师需要在设计过程中考虑到材料成本、制造工艺成本、人工成本等各个方面的因素，寻求成本最优化的设计方案。合理控制成本能够提高产品的竞争力，促进企业的可持续发展。

（二）基本流程

机械设计是一个系统工程，其设计流程通常包括以下几个基本阶段：

1. 需求分析和任务确定

在设计开始之前，首先需要进行需求分析，明确用户的订货要求、市场需求以及新科研成果等，然后制定设计任务。这一阶段的关键是准确理解用户的需求和市场的需求，为后续设计工作奠定基础。

2. 初步设计

在初步设计阶段，设计团队根据设计任务，确定机械的工作原理和基本结构形式，进行运动设计、结构设计，并绘制初步总图。初步设计阶段的目标是形成初步的设计方案，并进行初步审查，为后续的技术设计提供基础。

3. 技术设计

技术设计阶段是对初步设计方案进行深入细化和完善的阶段。设计团队在此阶段进行修改设计、绘制全部零部件和新的总图，并进行第二次审查。技术设计阶段的目标是进一步完善设计方案，确保设计方案的可行性和合理性。

4. 工作图设计

工作图设计阶段是将技术设计方案转化为具体的工程图纸和技术文件的阶段。设计团队在此阶段进行最后的修改，绘制全部工作图，如零件图、部件装配图和总装配图等，并制定全部技术文件，如零件表、易损件清单、使用说明等。工作图设计阶段的目标是形成最终的设计文件，为产品的生产和使用提供详细的技术支持。

5. 定型设计

定型设计阶段适用于成批或大量生产的机械产品。对于一些设计任务比较简单的机械设计，如简单机械的新型设计、一般机械的继承设计或变形设计等，可省去初步设计阶段，直接进行技术设计和工作图设计。定型设计阶段的目标是形成成熟的设计方案，为产品的批量生产提供技术保障。

三、现代机械设计制造中常见的焊接工艺

（一）气体保护焊焊接工艺

气体保护焊焊接工艺在现代机械设计制造中较为常见。此种焊接工艺是以电弧作为热源，完成机械设计制造中的焊接任务。气体保护焊焊接工艺可以在被焊接物体周围形成一层气体保护介质。工作人员在焊接金属时，一层气体保护层会出现在电弧周围，在气体保护层的作用下可以将电弧、熔池与空气分离开来，减轻了焊接过程中有害气体的影响。并且在气体保护层的作用下还可以避免焊接部分进入气体，以免降低焊接后金属的韧性。再者，气体保护焊焊接工艺在整个焊接过程中产生的电弧较为稳定，此时的焊接材料可以更加充分地燃烧，避免了焊接材料燃烧不充分的问题，提高了焊接质量。

（二）电阻焊焊接工艺

电阻焊焊接工艺在现代机械设计制造工艺中也较为常见。电阻焊焊接工艺主要是将正负电极紧压在被焊接物体上，随后进行通电，在电流的刺激下被焊接的物体接触面积附近会出现电阻热效应，此种效应会加热金属，使金属熔化，融化后的金属可以与另一段金属融合在一起，完成机械设计制造中的焊接任务。此电阻焊焊接工艺在机械设计制造中使用可以明显提高焊接质量。该焊接工艺加热时间较短，操作流程简单，生产效率较高，且不会产生有害的气体，以上优点使得电阻焊焊接工艺在现代机械设计制造中广泛应用。但是电阻焊焊接工艺也存在一定不足，比如此种焊接方式能耗较高、维修较为复杂、耗费成本较多，因此主要适用于高精尖的行业。

（三）埋弧焊焊接工艺

埋弧焊焊接工艺在现代机械设计制造中也较为常见。此种焊接工艺主要是在焊接层下燃烧电弧，以此满足焊接的需求。埋弧焊焊接工艺在现代机械设计制造中的应用主要有两种：一是自动焊接，此种焊接工艺所使用的焊丝主要由小车运送，随后完成自动焊接任务；二是半自动焊接工艺，此种焊接方式需要人工运送移动电弧完成焊接任务。半自动的焊接工艺对人工的需求较高，因此此种焊接方式在机械设计制造行业高速发展的背景下，逐渐退出了市场。传统的焊接技术以半自动电弧焊为主，存在诸多不足，因此逐渐被电渣压力焊取代。电渣压力焊焊接方式工作效率高，且质量高，在机械设计制造中广泛应用。

第二节　现代机械设计的特点与趋势

一、现代机械设计制造工艺的特点

（一）现代机械设计制造工艺对最新的方法和经验更为关注

据调查传统的机械设计制造过分关注人的主观感受和感性经验，对工作人员的判断能力和技艺水平要求较高。但是现代机械设计制造工艺纳入了计算机技术，计算机技术的使用使得机械设计制造速度更快。由此可见，现代机械设计制造工艺对最新的方法和经验更为关注。

（二）现代机械设计制造工艺注重各要素的配合

现代机械设计制造工艺注重各个要求彼此之间的配合。传统机械设计制造工艺对于机械自身所要达到的能力要求较高。但是现代机械设计制造工艺则更加强调不同要素彼此之间的配合，各个要求彼此有效配合可以将最新的设计理念和制造理念融入其中，使生产出来的机械产品更加满足当时所处环境和人员需求。因此，现代机械设计制造工艺要充分考虑到人的感官性和生物性等因素，妥善处理好各个环节之间的关系，推动机械设计制造的可持续发展。

（三）现代机械设计制造工艺提高了机械设备的利用率

机械设计制造工艺在生产流程简化，所对应的设计方案具有层次性的特点，每一个方案都是在严格分析、修改之后才用于最终的生产，此种设计方式会耗费较多的时间、精力和能源。因此工作人员在选择设计方案时要避免因为自身的主观感受选择不满足设计要求的方案，这样不仅会浪费资源，也难以确保机械产品的设计效果。

二、机械产品现代设计方法

（一）智能化设计方法

1. 智能化设计方法的概念

智能化设计方法是指利用计算机技术和智能化设计软件，以及设计方法学理论为指导，开展机械产品设计的一种现代化方法。通过智能化设计方法，设计人员可以在计算机辅助下进行设计方案的构思、优化和验证，以确保设计的机械产品能够满足特定的功能和性能要求。

2. 智能化设计方法的特点

（1）依托设计方法学理论

智能化设计方法的特点之一是其依托设计方法学理论。设计方法学是研究和应用各种设计方法和工具的学科，它系统地探讨了设计过程中的问题解决方法和规律。智能化设计方法将设计方法学理论作为其基础，从而能够更加科学和系统地指导设计过程。通过对设计方法学理论的应用，设计人员可以更加深入地理解设计问题的本质，采用适当的设计方法和工具，提高设计效率和质量。

设计方法学理论的应用使得智能化设计方法具有了更加系统和科学的特点。设计人员可以根据设计方法学的原理，选择合适的设计方法和工具，开展设计过程中的各个阶段，从而达到更好地解决设计问题、实现设计目标的目的。

（2）利用三维图形软件

智能化设计方法通常借助三维图形软件进行设计。三维图形软件是一种能够在计算机上生成三维图形模型的软件工具，它能够直观地展现设计对象的外观和结构，使得设计过程更加直观、高效。通过三维图形软件，设计人员可以对机械产品进行建模、分析和仿真，从而更好地理解产品的设计需求和特点。

三维图形软件的应用使得智能化设计方法具有了更高的可视化和交互性。设计人员可以通过对三维模型的操作和调整，快速地生成和修改设计方案，进行实时的设计验证和优化，从而提高设计效率和质量。

（3）结合虚拟现实技术

智能化设计方法结合虚拟现实技术，可以实现对设计方案的虚拟验证和展示。虚拟现实技术是一种能够在计算机上模拟现实世界的技术，它能够为设计人员提供沉浸式的设计环境和体验，使得设计过程更加真实和直观。通过虚拟现实技术，设计人员可以在虚拟环境中对设计方案进行立体展示、实时交互和沟通，从而更好地发现和解决潜在的设计问题，降低设计风险。

虚拟现实技术的应用使得智能化设计方法具有了更高的仿真性和实时性。设计人员可以在虚拟环境中模拟产品的使用场景和工作状态，进行全方位的设计验证和评估，及时发现和解决设计中的问题，提高设计的可靠性和稳定性。

（4）智能化设计软件支持

智能化设计方法依赖于智能化设计软件的支持。智能化设计软件是一种具有强大功能和算法的设计工具，能够辅助设计人员快速生成、优化和评估设计方案。智能化设计软件通常包括建模软件、仿真软件、优化软件等多个模块，可以满足设计过程中的各种需求。

智能化设计软件的应用使得智能化设计方法具有了更高的自动化和智能化水平。设计人员可以通过智能化设计软件快速生成设计方案，并进行自动化的设计优化和评估，从而提高设计的效率和质量。智能化设计软件的不断更新和改进也为智能化设计方法的发展提供了更好的支持和保障。

3. 智能化设计方法的应用

智能化设计方法广泛应用于各个领域的机械产品设计中，包括汽车、航空航天、电子设备等。例如在汽车工业中，智能化设计方法可以应用于车身结构设计、发动机设计、底盘设计等方面，提高汽车的安全性、舒适性和燃油经济性。

（二）模块化设计方法

1. 模块化设计方法的概念

模块化设计方法是一种将机械产品分解为多个功能独立的模块，并将这些模块组合在一起形成整体设计方案的方法。通过模块化设计方法，可以实现模块的标准化和通用化，提高设计效率和产品质量。

2. 模块化设计方法的特点

（1）模块功能独立

模块化设计方法的一个显著特点是将机械产品分解为多个功能独立的模块。每个模块都具有明确的功能和任务，并且相互之间具有独立性，可以单独设计、生产和维护。这种功能独立的设计方式使得整个产品的设计变得更加清晰和灵活，降低了设计的复杂度，提高了设计的效率和质量。

功能独立的模块设计还有利于产品的维护和更新。当机械产品出现故障或需要更新时，可以针对性地替换或升级单个模块，而不必对整个产品进行大规模的改动。这种模块化的设计理念有效地降低了产品的维护成本和更新周期，提高了产品的可维护性和可持续性。

（2）模块标准化

模块化设计方法倡导模块的标准化和通用化，使得不同机械产品之间可以共

享相同的模块。标准化的模块设计能够降低产品开发和生产成本，提高生产效率和产品质量。同时，标准化的模块还能够增强产品的通用性和互换性，为用户提供更多的选择和灵活性。

模块的标准化还有助于构建模块化设计的生态系统。通过制定统一的模块化标准和接口规范，不同厂家和供应商可以共同参与模块的设计和生产，形成模块供应链，促进产业链的协同发展。这种模块化的生态系统能够提高整个产业的竞争力和创新能力，推动产业向更高水平发展。

（3）模块组合

模块化设计方法通过组合不同的模块，形成多样化的设计方案，满足不同用户的需求和市场的需求。设计人员可以根据用户的需求和市场的变化，灵活地选择和组合模块，快速地生成定制化的设计方案。这种模块组合的设计方式能够有效地提高产品的适应性和灵活性，增强产品的竞争力和市场占有率。

模块的组合设计也有利于产品的快速开发和上市。设计人员可以根据市场需求，选择已有的模块进行组合，避免重复设计和生产，缩短产品的开发周期和投入成本。这种快速响应市场的能力能够帮助企业更好地抓住市场机遇，提升产品的市场竞争力和销售业绩。

3. 模块化设计方法的应用

模块化设计方法在许多领域都有广泛应用，例如家电、通信设备、工业机械等。以手机设计为例，模块化设计方法可以将手机分解为显示模块、处理器模块、电池模块等，每个模块都可以独立设计和更新，便于维护和升级。

（三）系统化设计方法

1. 系统化设计方法的概念

系统化设计方法是一种将机械产品视为一个完整的系统，从整体的角度出发，综合考虑各个设计要素之间的相互关系和影响，以达到设计目标的方法。通过系统化设计方法，可以构建出具有层次性和完整性的系统结构，提高设计的一致性和稳定性。

2. 系统化设计方法的特点

（1）整体性思维

系统化设计方法强调整体性思维，设计人员需要从系统整体的角度出发，综合考虑各个设计要素之间的相互关系和影响。这种思维方式使得设计人员能够更好地把握产品的总体需求和设计目标，从而避免局部优化而导致整体性能下降的问题。通过整体性思维，设计人员能够更好地理解系统的结构和功能，从而更加有效地进行系统设计和优化。

整体性思维还有助于设计人员发现和解决系统中的潜在问题。通过对系统整体的综合分析和评估，设计人员能够及早发现系统中存在的设计缺陷和不足之处，从而采取相应的措施进行改进和优化，提高系统的性能和稳定性。

（2）设计要素的组合

系统化设计方法将各个设计要素组合在一起，构建出完整的系统结构。每个设计要素都具有特定的功能和任务，相互之间存在着密切的联系和依赖关系。通过将各个设计要素组合在一起，形成系统的整体结构，可以实现各个设计要素之间的协同工作，使得系统能够顺利地完成预期的功能和任务。

设计要素的组合也有利于设计的模块化和标准化。将各个设计要素组合成模块，使得设计过程更加灵活和高效。同时，模块化的设计还有利于系统的维护和更新，可以针对性地替换或升级单个模块，而不必对整个系统进行大规模的改动。

（3）层次性结构

系统化设计方法构建的系统具有层次性结构，不同层次之间存在着明确的功能和关系。通过将系统分解为不同的层次，可以使得系统的结构更加清晰和稳定。不同层次之间的功能和关系也更加明确，使得设计人员能够更好地理解系统的组成和工作原理。

层次性结构还有助于系统的分级设计和管理。通过将系统分解为不同的层次，可以实现对系统的分级设计和管理，使得设计工作更加有序和高效。同时，层次性结构也有利于系统的扩展和升级，可以根据需要灵活地增加或调整系统的各个层次，以满足不同的需求和要求。

3. 系统化设计方法的应用

系统化设计方法适用于各种机械产品的设计，特别是复杂系统和大型装备的设计。例如飞机设计就是一个典型的系统化设计过程，设计人员需要综合考虑飞机的结构、动力、控制等各个方面的因素，构建出完整的飞机系统结构。

三、机械设计技术的发展现状与趋势

（一）机械技术发展现状

机械设计属于一个概括性的名词，它并不是一种单独的技术的简称，而是多种不同类型的技术设计综合的缩影，根据产业和生产目标、工作作业的不同，机械设计也有它的改变，它是根据机械，以它为主体和核心，在对其的各个部分进行综合分析的工作工程。根据不同工作领域像是农业、汽轮机、压缩机、矿山、机床等，种类不同的机械设计类别，对它的专门的使用要求进行一个转化分析，将抽象的理论具体化、实践化、科学化，分门别类却又不离本宗地将机械的结构、运动、原理、工作模式，也包括细小的，例如零部件的尺寸大小、位置，材料就算是润滑的手段也要作为一个考虑的依据去进行机械设计上的工作。随着如今机械设计的发展，目前我们已经可以将机械设计初步地进行划分为三类。

1. 新型设计

新型设计是机械设计领域的一项重要任务，其目标是通过创新和突破，设计出全新的机械产品或系统，以满足市场需求并引领行业发展。尽管新型设计追求创新，但并非毫无经验可言。相反，它是在经过长期实践和反复试验的基础上，通过不断的探索、创立、推翻和改进，形成的成果。这一过程常常是一个循环迭代的过程，设计者通过反复尝试和改进，逐渐完善和确定最终的设计方案。

第一，新型设计是基于现有技术和经验的。设计者在进行新型设计时，往往会借鉴和吸收已有的技术和经验，包括先进的工艺、材料、结构等方面的知识。通过对现有技术的分析和综合，设计者可以更好地把握设计的方向和可能的解决方案，从而在新型设计中融入创新和改进的元素。

第二，新型设计是经过反复实验和验证的。在设计过程中，设计者会进行大量的实验和验证工作，以验证设计方案的可行性和有效性。通过试验和模拟分析，设计者可以发现潜在的问题和不足之处，并及时进行调整和改进。这种经验积累和实践检验，是新型设计能够得以实现和应用的重要基础。

第三，新型设计是在不断进步和完善中逐步确定的。设计过程往往是一个循环迭代的过程，设计者通过不断的尝试和改进，逐步完善和确定最终的设计方案。在这个过程中，设计者不断吸取经验教训，修正错误，改进设计，并不断地推动设计向更加完善和成熟的方向发展。

2. 继承设计

继承设计的核心思想是“取其精华，弃其糟粕”，即在原有设计的基础上保留其优点，同时对其不足之处进行改进和提升，以实现性能的提升和技术的运用。

第一，继承设计需要对原有机械的使用经验进行深入的规划和总结。设计者需要全面了解老型机械的结构、工作原理、性能特点，以及使用过程中的优缺点，通过对其进行深入分析和评估，确定哪些方面是值得保留和继承的，哪些方面是需要改进和优化的。

第二，继承设计注重对老型机械中有益的部分进行留存和继承。这些有益的部分可能包括设计的创新点、稳定可靠的结构、优秀的性能指标等，设计者需要认真对待并加以保留，在新设计中充分发挥其优势，使其成为新设计的基石和支撑点。

第三，继承设计也要对老型机械中存在的不足和问题进行针对性的改进和提升。这可能涉及结构的优化、材料的更新、工艺的改进等方面，旨在提高机械产品的性能和可靠性，满足新的使用需求和市场标准。

第四，继承设计需要注重技术的更新和运用。随着科技的发展和技术的更新换代，新的设计方法、材料和工艺不断涌现，设计者应充分利用这些新技术和新手段，使得继承设计的产品更加先进和实用，具备更强的竞争力和市场适应性。

3. 变型设计

与传统的标准型设计相比，变形设计并非简单的复制和粘贴，而是根据特定需求进行有针对性的调整和改进，以实现更好的适应性和性能。

第一，变型设计强调对现有机械结构或系统的部分改变。这种改变可能涉及部件的增加、删除、修改或重新组合，旨在使得机械产品更好地适应新的使用场景或满足不同用户的需求。通过对现有设计的灵活调整和改进，变形设计能够实现更高程度的定制化和个性化。

第二，变型设计的改变是基于对原有机械结构和系统的深入分析和评估。设计者需要充分了解原有机械的工作原理、结构特点、性能指标等，并根据新需求和目标进行精准的定位和调整。这种基于深入分析的改变，既能够确保机械产品的稳定性和可靠性，又能够实现所需的功能和性能要求。

第三，变型设计注重对机械功能和设计的多样化。由于不同的使用场景和需求，变形设计需要灵活应对，可能会出现多种不同类型的设计方案。这种多样性

体现在对机械结构、功能和性能的调整上，以满足不同用户群体的需求和偏好。

第四，变型设计需要在保证产品质量和性能的前提下，充分考虑生产成本和制造工艺。设计者需要综合考虑各种因素，包括材料选择、加工工艺、成本控制等，以实现设计的可行性和经济性。通过合理的设计和工程优化，变型设计能够在保证产品性能的同时，实现生产效率和成本效益的提升。

（二）机械技术发展趋势

根据目前的发展趋势，我们可以预测到在未来，机械设计可能会在不知不觉中渗透到很多行业领域，也可以说这是一个必然的趋势，机械设计一直在不断地完善、不断地改进、不断地充实中，在未来的诸如半导体制造、纳米技术、生物工程和机器人这些不同的科技领域都会有机械设计的身影，它们会不断地大放光彩。在做出一定的成就的同时，与时俱进，不断进步，进一步地再次创新理论与实践上。

1. 将机械技术得到系统化的另一阶段

改变出发点，也就是说将系统点作为核心和入手点，而将机械这个产业化滞后的产品作为一个整体和一个个体的部分，再进二次的拼接和改造，去努力地实现系统性的进一步实现。灵活运用如今发达的网络设施及计算机平台，将机械与网络及环境之间实现一个平衡，用另一种表达手段来说也就是树干系统，有主干，再从主干下面的分支往下继续划分成很多细小的质感，再辅助以现代的科技的理论和方法研究，将各个分支通过系统这个平台重新地规划再一次地加工总结。

2. 将智能化更加深入地进行学习和设计突破

我们不能固步不前，而是要跟着时代浪潮，随着各方面的全面发展一同进步，要综合考虑更方便的问题，将智能放在“大脑”的位置，它是整个设计的灵魂，更是提高机械设计水平的标志，在设计合理化的基础上也要追逐智能化，就如同汽车市场上在不断的发展前进中，已经在不自觉的情况下将汽车能否有自己的智能系统都当作一件评估车辆价值的准则，由此可以看出，在如今的高科技网络产业时代，智能化已经是时代发展的必然。

3. 绿色节能环保的机械设计

在机械设计的性能方面已经得到完善和优化之后，就要将侧重点摆放在绿色、节能、环保的中心问题上。的确科学技术和其他的方方面面的产业链问题上有了前所未见的进步，不过也给我们的生活带来了巨大的影响，如环境被破坏、生活质量也下降，这就是在督导我们在进步的同时不能忽略环境这个严重的问题。绿色设计技术也就是高能源低能耗的机械已经在市场中空位已久，虽然我们的确已经意识到了环境保护的问题，但是毕竟这在设计上还是需要大费苦功的，绿色设计技术是对产品在其生命周期中，按符合环境保护、资源利用率最高、能源消耗最低的要求进行设计的技术。这也就要求设计者，不但需要周全地考虑到产品的环境属性和基本属性，还要将设计始终立足于人的身心健康、环境保护等，更是需要能够将产品在无用时能够回收利用，节约资源降低成本消耗，尽可能地减少对环境的损害。

第三章　计算机辅助设计（CAD）技术

第一节　CAD 技术的基本原理与应用

一、CAD技术概述

（一）CAD 技术的定义和基本原理

CAD 技术是一种利用计算机软件来辅助进行产品设计制图和制造分析过程的技术。它使用计算机来创建、修改和优化产品的虚拟模型，并支持设计师在数字环境中进行图形绘制、建模、分析和仿真等工作。CAD 技术包括数字化建模、几何推理、数据管理、图形显示、分析和优化、自动化设计。

1. 数字化建模

数字化建模是 CAD 技术的核心原理之一。CAD 软件能够将物理对象转换成数字模型，包括点云、曲线、曲面和实体等形式。通过数字化建模，设计师可以对设计对象进行更精确和全面的表示，从而实现对产品、零件或系统的完整描述和分析。

2. 几何推理

几何推理是 CAD 技术实现自动计算和推导的重要原理。CAD 软件可以基于几何约束和关系进行推理，自动调整设计对象的形状和位置，以保持设计的一致性和正确性。例如设计师在构建物体时可以设置长度、角度、对称性等约束条件，CAD 软件会根据这些约束自动调整设计对象的形状。

3. 数据管理

CAD 系统能够有效管理大量的设计数据，包括图纸、零件信息、装配关系和工艺规划等。通过数据管理功能，设计团队可以方便地共享和协作，提高工作效率和信息的共享性。

4. 图形显示

图形显示是 CAD 技术的直观表现形式之一。CAD 软件能够将设计结果以图形形式呈现给设计师，使其能够直观地理解和修改设计。设计师可以通过交互式的图形界面对设计对象进行编辑和调整，实时查看设计效果。

5. 分析和优化

CAD 软件具有分析和优化功能，能够进行各种工程分析，如结构分析、流体分析、热力学分析等。通过分析和优化，设计师可以评估设计方案的可行性，发现潜在的问题，并优化设计方案，提高产品的性能和质量。

6. 自动化设计

CAD 软件支持自动化设计功能，可以通过编写脚本和程序实现设计过程的自动化。例如设计师可以编写脚本来批量生成图纸、自动化装配等，以提高设计效率和准确性，降低人力成本。

（二）CAD 技术的发展历程

CAD 技术先后经历了手工 CAD、火花加工、二维制图与三维建模、参数化建模、虚拟仿真等。

1. 手工 CAD

20 世纪 60 年代初，最早的 CAD 系统诞生。当时的 CAD 系统主要依赖机械手动绘图工具，设计师使用传统的绘图仪器进行图纸绘制，并通过计算机辅助绘图和几何计算来辅助设计过程。尽管受限于技术水平和硬件设备，但这标志着 CAD 技术的萌芽阶段。

2. 火花加工

20 世纪 70 年代到 20 世纪 80 年代，CAD 技术开始应用于火花加工机。通过 CAD 系统输入数字坐标，控制火花加工机器的运动，从而实现对工件的精确加工。这一阶段 CAD 技术的应用促进了工程制造领域的发展，提高了设计和制造过程的精确性和效率。

3. 二维制图和三维建模

20 世纪 80 年代晚期到 20 世纪 90 年代，CAD 技术进入了二维制图和三维建模阶段。基于拟合的 CAD 技术成为主流，设计师可以使用 CAD 软件建立和编辑二维图纸和三维模型。CAD 系统开始支持更多的功能和应用，如装配、分析

和工艺规划等，这极大地提高了设计的效率和质量。

4. 参数化建模

21 世纪初，参数化建模成为 CAD 技术的新趋势。参数化建模允许设计师使用参数和关系来定义形状和特征，从而使得设计更加灵活和可变。设计师可以通过调整参数值，快速生成不同版本的设计方案，并进行比较和评估，以满足不同需求。

5. 虚拟仿真

近年来，虚拟仿真技术逐渐融入 CAD 系统。设计师可以利用仿真分析评估产品的性能、可靠性和制造可行性，通过在虚拟环境中进行优化，提前发现和解决潜在问题，降低产品开发成本和缩短周期。

（三）现代 CAD 软件和工具

现代 CAD 软件提供了丰富的功能和工具来支持 CAD 机械制造。常见的 CAD 软件包括 AutoCAD、SolidWorks、 CATIA、 Pro/ENGINEER 和 NX 等。这些软件可以进行二维制图和三维建模，而且有些支持装配设计、物料清单（Bill of Material， BOM）生成、计算机辅助设计 / 计算机辅助制造（Computer-Aided Design/Computer-Aided Manufacturing， CAD/CAM）集成及仿真分析等功能。现代 CAD 软件还具备友好的用户界面和快捷操作，使得设计师能够快速掌握软件的使用方法，并高效完成设计任务。

1. 二维制图和三维建模

现代 CAD 软件具备强大的二维制图和三维建模功能，能够帮助设计师创建准确的图纸和模型。设计师可以通过 CAD 软件绘制复杂的平面图和立体模型，实现对设计概念和细节的精确表达。

2. 装配设计

CAD 软件支持装配设计，设计师可以将各个零部件组装成完整的产品模型，并进行装配关系的定义和管理。通过 CAD 软件，设计师可以快速构建复杂的装配结构，并进行装配分析和碰撞检测，确保产品在实际使用中的可靠性和稳定性。

3. 物料清单生成

现代 CAD 软件可以自动生成物料清单（BOM），列出产品所需的各种零部件和材料清单。设计师可以根据 BOM 清单进行零部件采购和生产计划，提高生

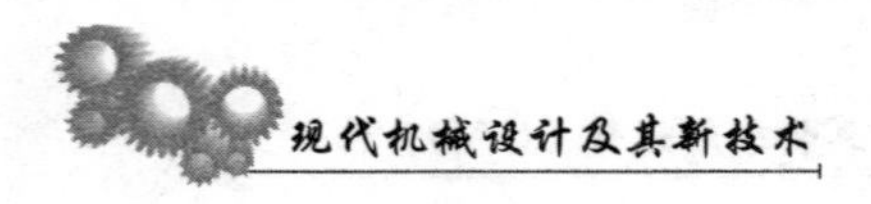

产效率和管理精度。

4. CAD/CAM 集成

部分 CAD 软件具备 CAD/CAM 集成功能，能够直接将设计模型转化为加工程序，并生成数控（NC）编程代码。这种集成能够实现从设计到制造的无缝连接，简化了产品制造的流程和操作。

5. 仿真分析

现代 CAD 软件支持各种仿真分析，包括结构分析、流体分析、热力学分析等。设计师可以通过 CAD 软件对产品的性能和行为进行仿真分析，评估设计方案的可行性和优化设计参数，提高产品的性能和质量。

6. 用户界面和操作

现代 CAD 软件具有友好的用户界面和快捷操作，设计师可以通过直观的界面和丰富的工具栏快速完成设计任务。软件还提供了丰富的帮助文档和培训资源，帮助设计师快速掌握软件的使用方法，并提高工作效率。

7. 持续更新与改进

现代 CAD 软件通常会持续进行更新和改进，引入新的功能和技术，以满足不断变化的设计需求和行业标准。设计师可以通过订阅或更新服务获取最新版本的软件，保持在设计领域的竞争力和创新能力。

二、CAD技术在机械制造设计中的应用

（一）CAD 在结构设计中的应用

在机械产品设计阶段，CAD 技术为结构设计提供了强大的工具和功能应用。通过 CAD 软件，设计师可以快速虚拟模型进行结构设计和分析。这不仅加快了设计速度，也提高了设计质量。合理利用 CAD 技术，能够在产品设计阶段预测和解决问题，降低制造风险和成本。

1. 建模和装配

CAD 软件为设计师提供了强大的建模和装配功能，使得他们能够以三维形式准确地表达产品的设计概念和细节。通过 CAD 软件，设计师可以使用各种建模工具和技术创建复杂的产品模型，并将多个零部件装配成完整的产品。CAD 软件中的装配功能允许设计师模拟和优化产品的组装过程，确保各个零部件之间的相互配合和交互作用。

2. 结构分析

CAD 软件通常集成了结构分析工具，可以对产品的结构强度、刚度、稳定性等重要参数进行预测和分析。设计师可以在 CAD 软件中模拟各种工作负载和条件，并通过结构分析工具评估产品在实际使用中的性能表现。这些分析结果有助于设计师识别潜在的结构问题，并采取相应的改进措施，从而提高产品的可靠性和安全性。

3. 材料选择和优化

CAD 技术支持材料选择和优化设计，设计师可以通过 CAD 软件对不同材料的性能进行模拟分析和比较。CAD 软件中的优化算法可以帮助设计师系统地调整设计参数，以最大化产品的性能和效益。通过 CAD 软件的材料选择和优化功能，设计师可以在设计阶段就确定最合适的材料，从而节约成本并提高产品的竞争力。

4. 强大的数据管理

CAD 软件具备强大的数据管理功能，可以有效管理设计过程中涉及的大量数据。设计师可以使用 CAD 软件存储、组织和共享设计文件、图纸和模型，以确保团队成员之间的协作效率。此外，CAD 软件中的版本控制和协作工具可以帮助设计团队减少错误并确保设计的一致性，提高工作效率和质量。

（二）CAD 在零件设计中的应用

1. 形状设计和编辑

CAD 软件为设计师提供了强大的形状设计和编辑功能，使其能够根据产品需求自由地创建、编辑和调整零件的形状和尺寸。通过 CAD 软件，设计师可以使用各种绘图和建模工具，快速而准确地绘制出复杂的零件形状，从简单的几何体到复杂的曲面和曲线都能够轻松实现。

2. 特征建模

CAD 软件支持特征建模技术，设计师可以使用一系列的特征来构建和编辑零件。这些特征可以是基本的几何形状，如孔、凸台、凹槽等，也可以是复杂的曲面和曲线。通过特征建模，设计师可以更加灵活地对零件进行设计和修改，快速地实现设计方案的变更和优化。

3. 标准零件库管理

CAD 软件通常集成了丰富的标准零件库，包括螺栓、螺母、轴承等常用标

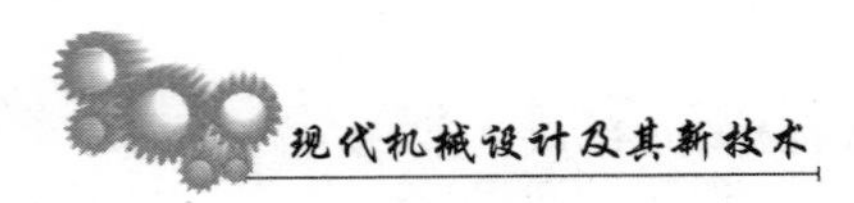

准件。设计师可以直接从标准零件库中选择并插入到设计中，节省了设计的时间和成本，并保证了设计的标准化和规范化。此外，CAD 软件还支持自定义零件库管理，设计师可以根据项目需求建立自己的零件库，方便日后的重复使用和管理。

三、CAD技术在工艺规划中的应用

在现代机械制造中，工艺规划是将产品设计转化为实际制程的关键环节。它涉及物料选择、工序安排、设备配置和生产布局等，旨在优化生产效率、降低成本，并确保产品质量。工艺规划的主要目标是合理确定制造流程，尽可能节省时间、材料和资源。CAD 技术可以极大地简化和优化工艺规划过程，提高其准确性和效率，显著提高制造效率和质量，并降低企业成本，提升企业竞争力。在工艺规划中，CAD 常用的应用模块包括工步规划、物料和工装选择、制程仿真。

（一）工程规划

CAD 软件提供了图形化界面和操作方法，使得工程规划变得更加直观和灵活。设计师可以通过拖放零件和工具的方式创建并组织工作步骤，同时将其映射到相应的工序。

1. 图形化界面和操作方法

CAD 软件提供了直观的图形化界面和丰富的操作方法，使得设计师可以轻松地进行工步规划。通过 CAD 软件的界面，设计师可以直观地查看和操作产品的三维模型，将零件和工具拖放到工作区域，创建并组织工作步骤，以及将其映射到相应的工序。这种直观的操作方式使得工程规划过程更加容易理解和掌握，提高了工作效率和准确性。

2. 工步的创建和组织

在 CAD 软件中，设计师可以根据产品的设计和制造要求，创建并组织工作步骤。设计师可以逐步添加工作步骤，并确定每个工作步骤的具体内容和顺序。通过 CAD 软件提供的功能，设计师可以对工作步骤进行灵活的调整和优化，以满足不同的生产需求和要求。

3. 工步与工序的映射

CAD 软件还支持将工步与相应的工序进行映射，从而实现工序规划和生产流程的无缝衔接。设计师可以将每个工作步骤与特定的工序相关联，确保产品的

组装、加工和装配等生产过程按照规定的步骤进行，并在生产现场实现精准的执行。这种工步与工序的映射关系能够提高生产的效率和质量，减少生产过程中的错误和失误。

（二）物料和工装选择

CAD 软件包含了大量的物料库和工装库，设计师可以根据需求选择合适的材料和工装。此外，CAD 软件支持对材料和工装进行匹配和仿真评估，以确保其适用。同时，CAD 软件的碰撞检测功能可以帮助设计师在工艺规划过程中避免零件之间的干涉，及时发现并解决潜在的冲突，以提高生产效率和安全性。

1. 物料选择

在 CAD 软件中，设计师可以通过物料库来选择合适的材料。物料库中包含了各种不同类型的材料，如金属、塑料、橡胶等，以及它们的物理特性、机械性能和成本信息。设计师可以根据产品的功能要求、使用环境和制造成本等因素，选择最适合的材料。同时，CAD 软件还支持对不同材料进行匹配和仿真评估，以确保所选材料的适用性和可靠性。

2. 工装选择

工装在制造过程中起着至关重要的作用，它直接影响着产品的加工精度、生产效率和成本控制。CAD 软件提供了丰富的工装库，包括夹具、刀具、模具等各种工装元素。设计师可以根据产品的加工要求和生产流程，选择合适的工装。CAD 软件还支持对工装进行匹配和仿真评估，以确保工装与产品的匹配度和加工质量。同时，CAD 软件的碰撞检测功能可以帮助设计师在工艺规划过程中避免零件之间的干涉，及时发现并解决潜在的冲突，以提高生产效率和安全性。

（三）制程仿真

CAD 技术的制程仿真模块能够帮助设计师在工艺规划阶段预测、模拟和评估制造过程的效果。通过模拟材料流动、加工参数和机器运动等，设计师可以更好地优化工作步骤和设备配置，实现高效制造。

1. 模拟材料流动

制程仿真模块可以模拟材料在制造过程中的流动情况，包括液态材料的流动和固态材料的变形。通过分析材料流动的路径、速度和压力等参数，设计师可以评估不同工艺参数对材料流动的影响，从而优化生产流程。

2. 模拟加工参数

制程仿真模块可以模拟加工过程中的各项参数，如切削力、温度分布、加工速度等。通过对加工参数的模拟和评估，设计师可以优化刀具选型、加工路径和切削条件，提高加工效率和加工质量。

3. 模拟机器运动

制程仿真模块可以模拟机器在制造过程中的运动轨迹和动作，如机床的运动轨迹、机械臂的运动路径等。通过对机器运动的模拟和分析，设计师可以评估设备配置的合理性和工艺布局的优化，从而提高生产线的效率和灵活性。

4. 优化工艺规划

制程仿真模块可以帮助设计师优化工艺规划和生产流程，从而降低生产成本、缩短生产周期和提高产品质量。通过模拟不同工艺方案的效果，设计师可以选择最优的工艺路径和设备配置，实现高效制造。

第二节　CAD 在机械设计中的具体应用案例分析

案例一：汽车机械三维CAD设计实例

在现代汽车机械设计中，专业性至关重要，尤其是在智能化、信息化行业的背景下，对汽车机械设计的要求越来越高。新的技术手段开始在汽车机械设计领域得到应用，相应的标准也日益严格。在这一领域，三维 CAD 技术是一种常见的计算机应用技术，能够提升汽车机械设计的效率和成果。同时，三维 CAD 技术在其他领域也得到了广泛的应用。为了全面了解三维 CAD 技术在现代汽车机械设计中的应用要点，需要概述该技术的特点，并分析其在现代汽车机械设计中的关键作用。具体的汽车机械三维 CAD 设计实例分析，可以为今后的现代汽车机械设计提供支持和指导。

（一）三维 CAD 技术应用于现代汽车机械设计的关键点

1. 汽车零件设计与模型构建

在将三维 CAD 技术应用于汽车机械设计的过程中，通过设计软件，我们选择多元化的模型。一般常见的有三种：线框模型、表面模型、实体模型。设计人员可以按照现代汽车机械设计的要求，在三种建模形式中做出选择，对零件装配

这一操作环节进行建模处理。其实很多汽车零件结构并不复杂，设计人员完全可以应用三维 CAD 软件展开布尔运算，获得实体模型。若是结构复杂的零件，可以先绘制二维图形，获得零件的形状，随后在软件中进行拉伸、旋转等，完成零件的造型部分，再经过计算构建零件三维实体模型。

在三维 CAD 软件中，设计人员还可以将软件调整为装配条件设计新零件。此项功能主要利用相邻零件形状及具体的位置信息实现。与传统的设计方法相比，利用三维 CAD 技术进行汽车机械设计更加便捷，同时也可以解决汽车零件独立设计出现的装配误差问题。

2. 汽车机械设计效果检验

在现代汽车机械设计的过程中，采用三维 CAD 软件对机械设计效果进行检验至关重要。该软件具备资源查找器功能，这一功能可以记录零件及其在装配过程中产生的信息。一旦发现后续零件装配出现错误，软件会及时提醒工作人员进行调整。此外，设计人员还可以在三维 CAD 软件中观察汽车内部装配的构造及信息，以判断装配构造设计是否存在问题。设计人员可以通过三维 CAD 软件所具备的验证功能来进行检验。首先是应用干涉检查工具，这类工具主要用于检查装配完成的零件，确保零件之间没有干涉与冲突存在。设计人员还可以利用该工具检查零件设计阶段的数据偏差和零件配合故障。其次是运动模拟功能，通过这一功能，设计人员能够验证汽车零件的实际应用效果。最后是动力学分析工具，该工具可以进行动力学仿真设计，模拟汽车机械系统的受力情况和系统运行工况，帮助设计人员对结构是否合理做出诊断。

3. 汽车机械设计细节优化

现代汽车机械设计包含大量的细节部分，这些部分同样可利用三维 CAD 技术进行优化。

（1）汽车机械设计的三维建模优化

在三维 CAD 软件中进行汽车机械设计的三维建模是一个关键的优化环节。设计人员可以利用 CAD 软件进行不同机械结构和零件的三维建模，以获取几何特征数据、尺寸参数和安装位置信息等。这些信息可以帮助设计人员更全面地理解和分析汽车机械设计方案，从而进行针对性的优化和改进。

（2）三维 CAD 高效率装配和干涉检查优化

在三维 CAD 软件中进行高效率的装配和干涉检查是另一个重要的优化方面。

设计人员可以利用 CAD 软件以最快的速度完成所有零件的装配，并进行干涉检查，以提前发现装配中可能存在的问题和冲突。这有助于避免后续需要花费大量时间进行修复，从而提高汽车机械设计的效率和准确性。此外，高效率的装配和干涉检查功能还可以帮助设计人员明确最理想的汽车装配设计方案，从而提高试装与调试效率。

（3）汽车机械设计的高度变形及数据重复使用优化

在现代汽车机械设计中应用三维 CAD 技术支持高度变形设计是另一个重要的优化方面。设计人员可以在现有设计成功的基础上，通过 CAD 软件对局部进行调整，快速获得新的汽车机械设计方案。同时，CAD 软件中的数据重复使用功能也是非常有益的。设计人员可以结合自身经验，减少一些重复的设计流程，提高汽车机械设计的效率和质量。

（三）汽车机械三维 CAD 设计实例分析

为了解三维 CAD 技术在汽车机械设计中的应用效果，以汽车半轴模锻的输送装置设计为例进行分析。同时，设计汽车半轴模锻生产线，包括上下料机械手、锻压机、输送装置、翻转装置等。其中，在输送装置设计中应用三维 CAD 技术，设计流程包括三个方面。

1. 选择输送链

在汽车半轴模锻前期生产环节，实际上形成的生产线具有特殊性，工件主要由机械手操控，实现加热预锻处理。随后工件的形状便会发生变化。实现这一目标的关键是在输送链板上方安装支架，满足工件的传送需求。在此阶段应用三维 CAD 技术进行建模设计，输送链参数如表 3-1 所示。

表 3-1　输送链参数

项目	参数	
链条材质	45# 钢	
链条型号	标准输送链 GB8350—87（ISO1977—1996）	
液压缸	型号	双作用单杆活塞式液压缸
	缸径 /mm	40
	压力等级 /MPa	16
	活塞杆直径 /mm	25
	油口连接方法	内螺纹连接

2. 输送链仿真优化设计

在三维 CAD 设计完成之后，设计人员可以根据构建的输送链模型实施改造与调整。设计结构时，在半轴模锻生产线中对半轴输送链进行加工。在此期间传送可能存在间断的现象，所以需将其改造为间歇式传送。根据运行环境与要求，半轴模锻往往是逐根进行，从而决定了送料同样为间歇运动。参考已有的设计经验，棘轮爪机构可以实现间歇式运动。换言之，在进行仿真优化设计时，可以应用棘轮爪机构，以满足优化设计要求。

棘轮需要与轴同步运动，建议采用键固联的方法。摇杆位于轴上方，在空套之后，油缸对摇杆起到推动作用，并且顺时针方向摆动 45°，此时与摇杆相连的棘爪受到弹簧的作用将直接插入棘轮齿槽。与此同时，棘轮同样沿顺时针方向摆动，摆动幅度相同，输送链链轮与之同时发生运动。观察摇杆，如果其朝逆时针方向摆动 45°，在弹簧作用下制动棘爪虽然也会插入棘轮齿槽，但具有被动性。在此工况下棘轮不能朝逆时针方向发生转动，观察棘轮，其也处于静止状态。当摇杆在油缸推动下频繁摆动，棘轮会发挥驱动作用，使输送链进行间歇传送及不简单的送料运动。这是输送链三维 CAD 设计的原理，在三维 CAD 技术作用下可以使原本的结构更加紧凑，根据工况使输送链运动更加简单，并切实提升送料环节的运作效率。

3. 三维 CAD 设计结果分析

经过对输送链进行改造与建模设计，根据三维 CAD 设计结果的分析，可以总结为以下三点：首先，在输送链设计中应用了三维 CAD 技术，使系统与结构更加稳定；其次，通过三维 CAD 技术，输送链的设计能够实现自动控制；最后，利用三维 CAD 技术，成功提高了输送链设计的效率。

（四）三维 CAD 技术在汽车机械设计中的应用前景

1. 机械设计集成化

在现代汽车机械设计领域，三维 CAD 技术的主要应用趋势之一是集成化。这意味着汽车机械产品的设计过程将更加自动化，从而有效提升设计质量。在三维 CAD 技术的运用中，将 CAD 和 CAM 技术融合应用是一个显著的发展方向，有助于实现汽车机械设计的自动化。通过将三维 CAD 技术集成到汽车机械设计过程中，可以开发出性能更优的机械产品系统，实现设计、开发和测试的无缝连接，从而实现汽车机械设计的规模化。

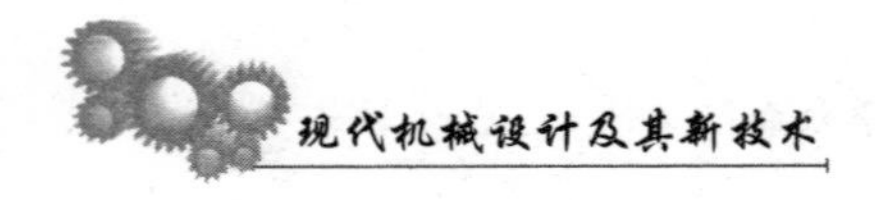

2. 全面实现智能化设计

在现代汽车机械设计领域，基于三维 CAD 技术的应用依然需要工作人员的辅助，表现出一定程度的依赖性。由于人为操作的存在，汽车机械设计容易出现误差。因此，未来三维 CAD 技术的发展趋势是朝智能化方向不断转型，普及人工智能及专家指导等多个系统。这些系统的支持下，可以分析数据，制定设计决策，使专家系统内部积累丰富的经验，显著提高汽车机械设计水平。

在现代汽车机械设计中应用三维 CAD 技术，一方面可以提高设计效率，实现自动化；另一方面可以避免数据误差，保证设计效果。三维 CAD 技术的应用对于推动现代汽车机械设计水平的提升具有重要作用，有利于我国汽车机械设计的智能化转型。

二、CAD技术在绘图中的应用案例

随着科技的不断发展，计算机辅助设计（CAD）技术在机械制图领域中的应用越来越广泛。机械制图作为机械设计和制造的重要环节，是保证产品质量和提高生产效率的关键。CAD 技术与机械制图的融合是现代制造业发展的必然趋势。

（一）CAD 与机械制图融合研究

CAD 技术是一种利用计算机软硬件辅助工程师进行产品设计和开发的技术。它广泛应用于机械、汽车、航空、船舶、电子、建筑等领域，大大提高了设计的效率和准确性。在传统的机械制图过程中，工程师需要手工绘制复杂的零件和装配图，不仅效率低下而且容易出错。CAD 技术作为一种高效的设计手段，已经在机械制图领域得到了广泛应用。通过 CAD 技术，设计人员可以快速完成二维和三维图形的绘制、编辑和修改，大大提高了设计效率。

机械制图中应用 CAD 技术具有高效率、高精度和可视化等特点，对降低设计成本，促进创新设计等具有重要作用。

1. 高效率与快速生成图纸与模型

CAD 技术的高效率表现在其能够快速准确地生成各种图纸和模型。通过 CAD 软件，设计师可以在短时间内完成复杂图纸的绘制和模型的建立，大大提高了设计效率。同时，CAD 技术支持在线协作和实时更新，使得设计团队可以随时共享最新的设计文件，进一步缩短了设计周期，提高了协作效率。

2. 高精度的设计

CAD 技术实现了毫米级甚至更高级别的精度控制，从而提高了设计的准确性和可靠性。设计师可以通过 CAD 软件精确地控制每个零件的尺寸和位置，减少了设计过程中的误差。这不仅有助于提高产品的质量，还可以降低后续生产过程中的误差和返工，从而降低了生产成本。

3. 可视化

CAD 技术能够生成各种三维模型和渲染效果图，使设计更加直观和生动。通过 CAD 软件，设计师可以将设计想法转化为具体的三维模型（见图），并实时查看模型的外观和结构。这有助于提高设计师的创造力和表现力，同时也有助于客户更好地理解设计意图，从而更好地沟通和协作。

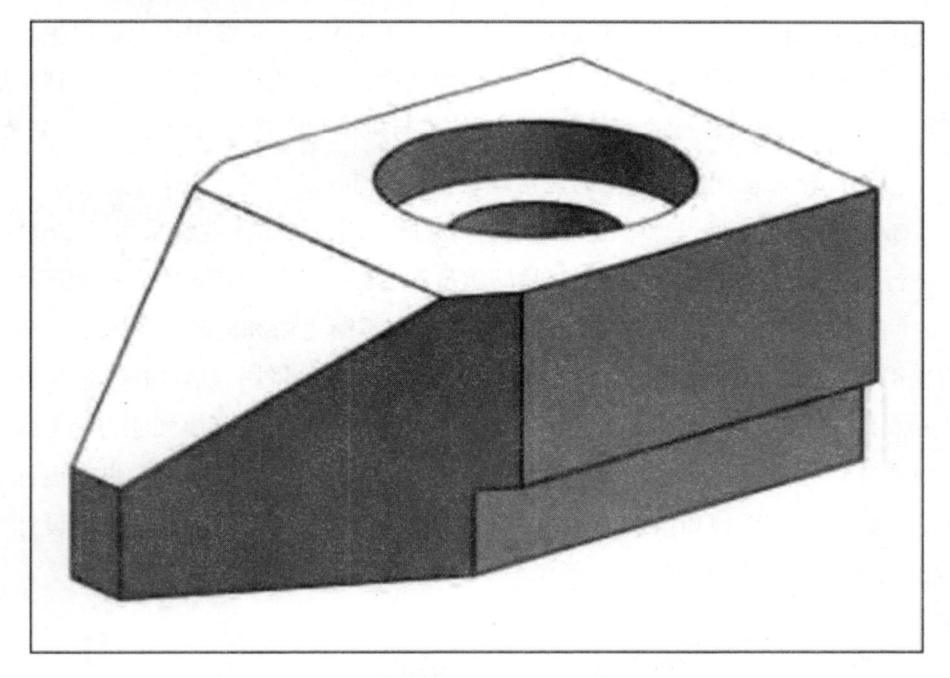

图 3-1　几何体三维模型

4. 参数化设计的灵活性

CAD 技术采用参数化设计方法，使得设计方案可以根据实际需求进行快速修改和优化。设计师可以通过调整参数值来改变设计方案，而不必重新绘制图纸或重新建模。这种灵活性和可扩展性使得设计过程更加高效，能够更快地响应客户的需求变化和设计方案的调整。

5. 与 CAM、CAE 的集成化

CAD 技术能够与计算机辅助制造（CAM）、计算机辅助工程（CAE）等技术进行集成，实现从设计到制造的全程自动化和智能化。设计师可以通过 CAD 软件直接生成数控加工程序，实现设计到生产的无缝衔接；同时，还可以将 CAD 模型直接导入到 CAE 软件中进行仿真分析，评估设计方案的性能和可靠性。这种集成化的设计流程能够大大提高整个制造流程的效率和精度，实现设计、制造和测试的一体化。

（二）CAD 技术在机械制图中的应用分析

随着制造业的快速发展和市场竞争的加剧，机械设计面临着越来越高的要求和挑战。传统的手工绘图方式已经无法满足现代机械设计的需要，CAD 技术应运而生成为机械设计领域中不可或缺的工具。CAD 技术能够快速准确地生成各种图纸和模型，大大提高了设计的效率和准确性，同时也为后续的生产制造提供了可靠的保障。随着科技的发展，将 CAD 技术与机械制图进行融合已成为大趋势。

1.CAD 技术在机械制图中的应用现状

CAD 技术在机械设计中已经得到了广泛的应用，许多企业都采用了 CAD 技术进行产品设计和开发，以提高产品的质量和性能，降低生产成本，缩短产品上市时间。随着科学技术的发展，CAD 技术也在不断更新和完善，出现了许多新的应用和功能，如智能化设计、云端化应用等。机械制图中 CAD 技术应用取得良好效果，在提高设计质量及效率、缩短产品上市时间、提高协同能力等方面发挥重要作用。通过自动化和智能化的设计手段，CAD 技术可以大大提高设计的效率，减少人工干预和错误。相切 CAD 二维图，如图 3-2 所示。在机械设计中 CAD 技术主要用于以下几个方面：

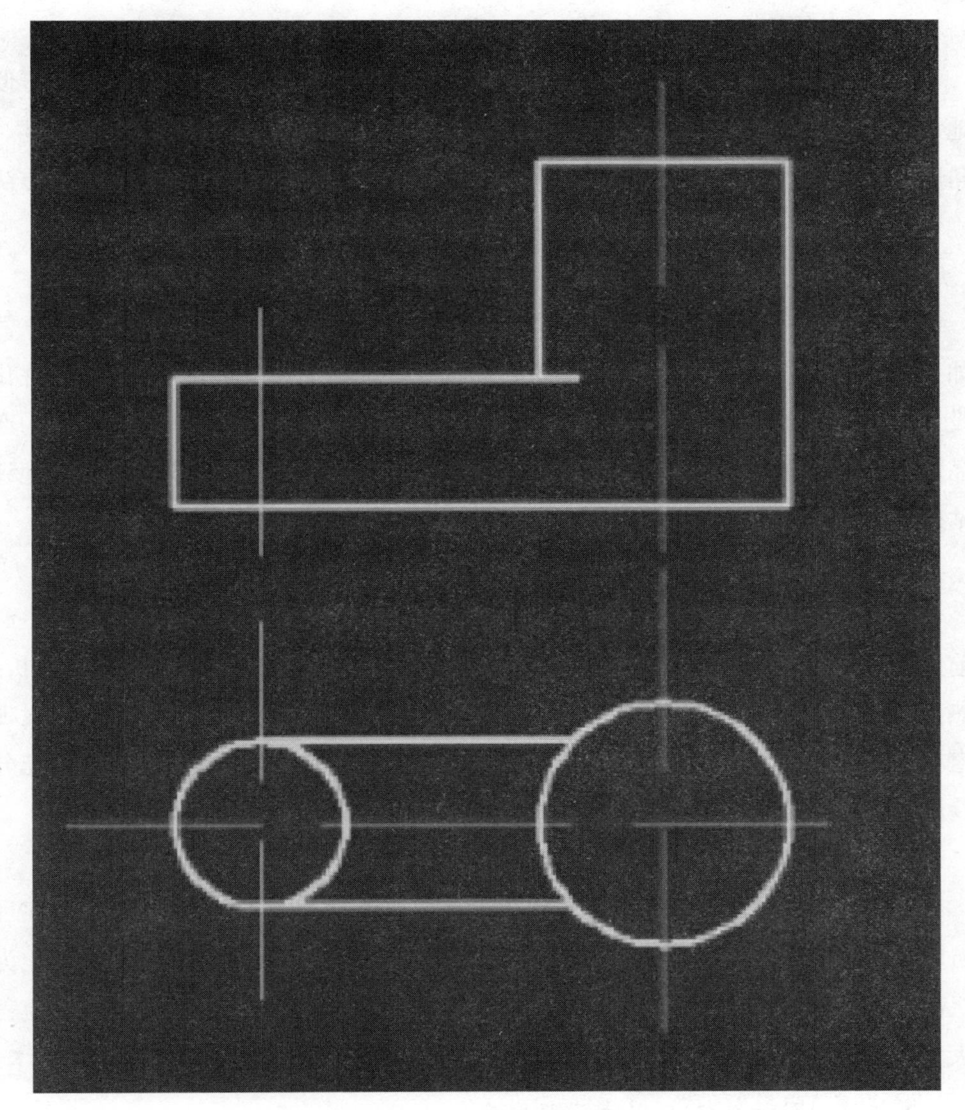

图 3–2　相切 CAD 二维图

（1）建模与绘图

CAD 技术的最基本应用就是建模与绘图。它可以快速地创建和编辑三维模型或二维模型，并进行图纸绘制。对于机械制图而言，CAD 软件提供了丰富的工具和功能，使得设计师可以轻松地进行零件设计、装配设计和钣金设计等工作。CAD 软件提供的建模和绘图功能不仅使得设计过程更加高效，还能够保证设计的准确性和精度。

（2）参数化设计

参数化设计是CAD技术的一大特点，通过定义几何参数和关系，可以方便地对设计进行修改和优化。设计师可以在CAD软件中设定各种参数，如尺寸、角度、比例等，然后通过修改参数值来快速调整设计方案。这种灵活的设计方法确保了产品的一致性和标准化，同时也提高了设计的灵活性和可扩展性。

（3）工程分析

CAD技术不仅可以进行建模和绘图，还可以进行各种复杂的工程分析。例如有限元分析可以对零件或装配体进行结构强度、刚度等方面的分析，从而优化设计方案；流体动力学分析则可以评估流体在零件或装配体内的流动情况，为产品的设计提供参考和改进建议。这些工程分析工具使得设计师能够更加全面地评估产品的性能和可靠性，从而提高产品的质量和竞争力。

（4）模拟与仿真

通过CAD技术，设计师可以对产品进行模拟和仿真测试，以便在实际生产前发现问题并进行改进。CAD软件提供了各种仿真工具，如运动仿真、应力分析、热传导分析等，使得设计师能够模拟产品在不同工况下的性能表现，并及时发现潜在的设计问题。这样，设计师可以在产品投入生产之前就对设计方案进行充分验证，提高产品的可靠性和稳定性。

（5）生产制造

CAD技术与CAM软件的集成使得设计数据可以直接传输到生产线上，实现自动化制造。设计师可以通过CAD软件生成数控加工程序，将设计图纸转化为机器可识别的代码，从而实现自动化加工和生产。这种集成化的设计与制造流程大大提高了生产效率和精度，同时也减少了人为干预的可能性，降低了生产成本。

2. 机械制图融入CAD技术问题分析

虽然CAD技术已经得到了广泛应用，但由于受到多方面因素的影响，目前机械制图中应用CAD技术仍存在技术水平不足、软件版本不统一、文件管理不规范等问题。首先，一些设计师和技术人员对CAD技术的掌握程度不够，影响了其应用效果。其次，由于不同企业使用的CAD软件版本不同，导致数据交换和协同工作存在困难。再次，在使用CAD技术的过程中，如果没有规范的文件管理系统，可能会导致数据丢失和混乱。最后，CAD技术与其他技术的集成不够完善，如CAM、CAE等，影响了整个制造流程的效率和精度。现阶段机械制

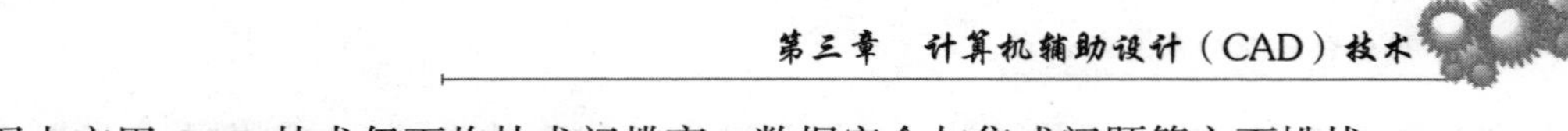

图中应用 CAD 技术仍面临技术门槛高、数据安全与集成问题等方面挑战。

（1）束缚创新

在机械设计中，CAD 技术的应用可能会对设计师的创新思维造成一定的束缚。尽管 CAD 软件提供了丰富的工具和功能，但设计师过度依赖软件可能导致创意受限。有些设计师可能会陷入模式化的设计中，缺乏独特的创意和设计理念。此外，某些复杂的设计想法可能无法被 CAD 软件直接实现，需要设计师具备更深层次的专业知识和创新能力。

（2）技术门槛高

CAD 软件的学习和使用需要一定的时间和精力。对于初学者而言，掌握 CAD 软件的各种功能和工具可能具有一定的难度。有些功能可能需要较长时间地学习和实践才能熟练掌握。此外，由于 CAD 技术的更新换代速度较快，设计师需要不断学习新技术和新的设计方法，以跟上技术的发展步伐，这对于一些传统的设计师可能是一个挑战。

（3）数据安全问题

在使用 CAD 技术进行设计时，数据的安全性是一个重要的问题。设计师可能会面临数据丢失或损坏的风险，这可能由于误操作、软件故障或病毒攻击等原因造成。为了保障数据的安全，设计师需要采取有效的数据备份和保护措施。此外，设计数据的保密性问题也需要引起重视，因为设计中可能包含一些敏感信息，如果泄露或被盗用可能会造成严重的后果。

（4）集成问题

尽管 CAD 技术可以与许多其他技术集成，但在实际应用中不同软件之间的兼容性和数据交换可能存在困难。在设计过程中，设计师可能需要与其他团队或部门进行协作，但由于不同软件之间的格式不同，数据交换可能会出现问题，影响设计的进度和质量。此外，CAD 技术可能与传统的工艺流程和技术相冲突，导致集成过程中的各种问题。因此，设计团队需要制定有效的集成方案，并加强团队之间的沟通和协作，以确保 CAD 技术的顺利应用。

（三）CAD 技术与机械制图的融合策略

随着科技的不断发展，CAD 技术在机械设计中的应用将越来越广泛和深入。未来 CAD 技术将进一步智能化、云化、集成化、参数化、增材与减材相结合、可持续性和绿色化，同时更加注重用户友好性和易用性，为设计师提供更多的便利和创新空间，推动机械设计的发展和进步。CAD 技术与机械制图融合发展中仍存在许多不足，需要通过采取有效的对策、措施和建议，进一步推动 CAD 技术在机械设计中的发展和应用，为工业制造领域带来更大的价值和效益。

1. 机械制图与 CAD 技术结合措施

（1）明确机械制图融入 CAD 技术的思路

机械制图中融合 CAD 技术需要注意需求分析、方案设计与详细建模绘图等。明确设计需求，理解产品的功能、性能和制造工艺要求；根据需求分析制定设计方案，进行概念设计和详细设计；利用CAD技术进行详细的三维建模和平面绘图；利用 CAD 技术的分析功能，对设计进行结构、流体动力学等方面的分析；基于分析结果对设计进行优化和改进；利用 CAD 技术的数据管理功能，实现设计数据的存储、查询和共享；对设计成果进行评审和验证，确保设计的准确性和可靠性；利用 CAD 技术生成最终的设计文档，包括图纸、明细表等。

首先，将机械装配设计分解为多个独立的模块进行设计，然后组合起来形成完整的装配，有助于提高设计的灵活性和可维护性。其次，优先使用标准元件，以提高设计的效率和准确性，可以避免自定义元件带来的额外工作和成本。最后，利用 CAD 技术的可视化功能，为设计模型添加纹理、光照效果和动画效果，使设计在屏幕上呈现出更真实的效果，有助于设计师更好地评估和优化设计。

（2）把握 CAD 技术与机械制图融合重点

CAD 技术与机械制图融合需要通过参数化设计、三维建模和智能化辅助等方面开展。

①标准化融合

CAD 技术与机械制图的无缝融合需要建立在标准化的基础之上。通过制定和执行统一的 CAD 标准和规范，可以确保不同软件之间的兼容性和互操作性。这包括统一的文件格式、数据交换标准等，以便在不同软件之间传递和编辑设计数据，从而提高工作效率并减少误差。

②参数化设计

参数化设计是 CAD 技术的核心功能之一，它能够根据设计要求建立参数和约束，实现设计方案的快速修改和优化。在机械制图中，利用参数化设计方法，设计者可以更高效地表达和修改设计方案，从而提高设计质量和效率。通过合理设置参数和约束，可以快速生成不同尺寸和形态的设计方案，为工程师提供更多灵活性和选择空间。

③三维建模

三维建模是CAD技术在机械制图中的重要应用之一。通过建立三维模型，设计者可以更直观地表达产品的结构和形状，同时还能进行性能分析、干涉检查和装配模拟等操作，从而提高设计的准确性和可靠性。三维建模技术还可以为设计者提供更多的设计细节和信息，有助于更好地理解产品的工作原理和性能特点。

④集成化设计

集成化设计是CAD技术与机械制图融合的另一个重要途径。通过将CAD软件与机械制图软件集成到一个平台上，设计者可以在一个统一的环境中进行设计和绘图，实现数据共享和流程优化。这不仅可以提高设计效率，还可以降低错误率，为设计团队提供更好的协作和沟通环境。

⑤智能化辅助

智能化辅助是CAD技术的一个重要发展方向。通过引入人工智能、机器学习等技术，设计者可以实现设计方案的自动优化、智能绘图和智能检测等功能。这将极大地提高设计的自动化程度和智能化水平，进一步推动CAD技术与机械制图的融合，为工程设计带来新的发展机遇。

2.CAD技术融合机械制图发展建议

（1）技术层面的融合策略

技术层面的融合策略包括优化CAD软件的功能，使其更贴近机械制图的需求。这意味着提升软件的易用性、稳定性和兼容性，同时增加专业化的绘图工具和模块，以满足各行业和领域的独特需求。此外，加强CAD技术与机械制图的整合，实现无缝对接。设计人员可以直接在CAD平台上进行机械制图，实现二维和三维图形的快速转换，并实现参数化和智能化设计。还应着眼于发展基于CAD技术的机械制图新方法和新技术，如虚拟现实（VR）、增强现实（AR）等，为机械制图提供更高效、准确的设计手段。

（2）管理层面的融合策略

在管理层面，融合CAD技术与机械制图需要建立完善的应用体系，包括技术标准、操作规程和培训机制等。这些体系的建立能够确保CAD技术在机械制图领域得到规范的应用，为企业提供统一的操作标准和指导方针。此外，优化企业的组织结构和流程也是至关重要的。通过调整部门设置、人员配备和工作流程，企业可以实现CAD技术与机械制图的深度融合，确保各项工作有序进行，充分发挥CAD技术的优势。另外，加强人才队伍建设也是关键所在。企业应该注重培养设计人员的综合素质，提高他们的CAD技术水平，并培养具备跨学科知识的复合型人才。这样的人才队伍能够更好地适应CAD技术与机械制图的融合需求，推动企业的技术创新和发展。

第四章　计算机辅助制造（CAM）技术

第一节　CAM 技术的概述与发展

一、CAE技术内涵概述

（一）概念阐述

CAE（计算机辅助工程）是一种利用计算机技术辅助进行工程设计、分析和优化的技术手段，涵盖了多个工程领域，如机械工程、土木工程、航空航天工程等。它以计算机为工具，通过建立数学模型、模拟工程系统的运行过程，实现对复杂工程问题的分析和优化。在 CAE 技术的应用中，工程师们可以借助计算机进行虚拟实验，模拟不同工况下的工程系统行为，从而准确预测系统的性能表现，优化设计方案，提高工程效率和质量。

1.CAE 技术的核心在于建立数学模型

工程系统的复杂性使得传统的手工计算和试验方法无法满足工程设计的需求。CAE 技术通过数学建模的方式，将工程系统抽象为数学模型，描述系统的结构、性能和行为规律。这些模型可以基于物理定律、数值方法或实验数据，精确地反映工程系统的各种特性，为后续的分析和优化提供了基础。

2.CAE 技术通过模拟分析实现工程问题的解决

一旦建立了数学模型，工程师们就可以借助计算机进行模拟分析，对工程系统在不同工况下的性能进行预测和评估。例如通过有限元分析，可以对机械结构的强度和刚度进行计算，评估其在不同载荷下的受力情况；通过计算流体动力学（CFD）分析，可以模拟流体在管道内的流动情况，评估管道系统的流量和压力损失。这些模拟分析可以帮助工程师们发现潜在问题、优化设计方案，提高工程系统的性能和可靠性。

3.CAE 技术还支持工程优化设计

在模拟分析的基础上，工程师们可以通过优化算法，对设计参数进行调整，以实现工程系统的最佳性能。例如通过参数化设计和多目标优化算法，可以在满足设计要求的前提下，实现系统性能的最优化。这种基于 CAE 技术的优化设计，不仅可以降低工程成本，提高生产效率，还可以提升产品的竞争力和市场占有率。

（二）主要应用内容

CAE 技术在机械工程领域的主要应用内容涵盖了机械结构的设计、分析和优化，这些内容贯穿了工程设计的整个流程，并且在提高设计效率、降低成本、优化设计方案等方面发挥着关键作用。

1.CAE 技术在机械结构设计阶段扮演着重要角色

在设计过程中，工程师们需要考虑到诸如结构刚度、强度、屈曲稳定性等多个方面的因素。利用 CAE 技术，工程师们可以建立准确的数学模型，对机械结构进行虚拟设计，包括构件的几何形状、材料属性、约束条件等。通过模拟分析和仿真实验，可以在设计阶段就对不同方案进行评估，避免了传统试验方法的成本和时间消耗。

2.CAE 技术在机械结构的分析阶段发挥着关键作用

通过有限元分析、计算流体力学等数值计算方法，工程师们可以对机械结构在不同工作条件下的应力、变形、热传导等进行精确计算和分析。这些分析结果可以为工程设计提供科学依据，帮助工程师们评估结构的安全性、可靠性和性能指标，及时发现和解决潜在问题。

3.CAE 技术还在机械结构的优化阶段发挥着重要作用

通过对设计参数的调整和优化，工程师们可以改善机械结构的性能，提高其工作效率和质量。利用优化算法和多目标优化方法，可以在满足设计要求的前提下，实现结构的最优设计。这种基于 CAE 技术的优化设计不仅可以降低成本、提高生产效率，还可以提升产品的竞争力和市场占有率。

（三）发展历程

首先，CAE 技术的起源可追溯至 20 世纪末，当时计算机技术的迅猛发展为其应用奠定了基础。随着计算机性能的提升和软件技术的发展，工程界开始意识到利用计算机辅助进行工程设计、分析和优化的潜力。最初的 CAE 软件虽然功

能简单，但已经为工程设计师提供了新的思路和工具，为传统工程设计方法带来了革命性的改变。

其次，随着信息化科学技术的蓬勃发展，CAE 技术逐渐成为工程设计和分析的重要工具。科技的进步推动了 CAE 软件的不断更新迭代，功能日益强大，应用领域逐步拓展至工程、产品设计、机械设计等多个领域。CAE 技术的发展不仅提高了工程设计的效率和质量，还为工程界带来了更多的创新和突破，推动了工程技术的进步。

在我国，尽管 CAE 技术的发展相对较晚，但随着科技水平的提升和应用需求的增加，CAE 技术已经成为我国工程领域的重要支撑。特别是在我国工程的精密化发展和机械自动化发展过程中，CAE 技术发挥了关键作用。我国工程界逐渐意识到 CAE 技术的重要性，开始加大对 CAE 技术的研发和应用力度，以提高工程设计的水平和竞争力。

科学计算和有限元理论作为 CAE 技术的核心，为解决工程问题提供了有效的手段和方法。有限元方法作为一种数值计算方法，在工程结构分析和优化中发挥着至关重要的作用。它通过将连续的工程问题离散化，转化为求解一系列离散点上的代数方程组，从而实现对工程结构的准确分析和优化。

二、CAE技术功能

（一）数据分析功能

1. 数据收集与整理

CAE 技术在数据分析中首先需要进行数据的收集与整理。工程问题涉及大量的数据，包括结构参数、材料性质、工作条件等，这些数据需要通过各种手段进行采集和整理。例如在汽车工程中，需要收集车辆的尺寸、重量、动力系统参数等数据，以便进行后续的分析。

2. 数据预处理

在进行数据分析之前，通常需要对数据进行预处理，以确保数据的准确性和完整性。预处理包括数据清洗、去除异常值、填补缺失值等步骤，以保证数据分析的有效性和可靠性。例如在飞机设计中，需要对飞行器的气动参数数据进行预处理，以消除可能对分析结果产生影响的噪声或异常数据。

3. 数据分析方法

CAE 技术提供了多种数据分析方法，包括统计分析、机器学习、人工智能等。工程师们可以根据具体的问题和数据特点选择合适的分析方法进行数据处理和分析。例如在建筑工程中，可以利用统计分析方法对建筑结构的承载能力进行评估，以指导设计和施工。

（二）仿真优化功能

1. 建立仿真模型

在进行仿真优化之前，需要先建立相应的仿真模型。这个过程涉及对工程系统进行建模和参数设定，以及选择合适的仿真软件和算法。例如在电力系统优化中，需要建立电网系统的仿真模型，包括发电机、输电线路、变电站等组成部分。

2. 仿真计算

建立了仿真模型后，可以进行仿真计算，模拟工程系统在不同工况下的运行状态。这些仿真计算可以涉及结构力学、流体力学、热力学等多个方面，以评估工程系统的性能和行为。例如在飞机设计中，可以利用飞行仿真软件对飞机的飞行性能进行模拟计算，以优化设计方案。

3. 优化算法

针对仿真计算得到的结果，可以利用优化算法进行设计参数的调整和优化。优化算法包括传统的数学优化方法、进化算法、遗传算法等多种类型，可以根据具体的问题和要求选择合适的算法进行优化计算。例如在汽车工程中，可以利用遗传算法对车辆的气动外形进行优化设计，以减小空气阻力、提高燃油经济性。

（三）系统性和多功能性

1. 涵盖多个领域

CAE 技术具有较强的系统性和多功能性，涵盖了计算机、设计学、力学、农业学、精密计算等多个领域的技术内容。它可以应用于多个工程领域，包括但不限于机械工程、土木工程、航空航天工程等。例如在航空航天工程中，可以利用 CAE 技术对飞行器的结构强度、气动特性等进行分析和优化。

2. 精细化和细致化

CAE 技术具备精细化和细致化的特点，可以对工程问题进行深入分析和精确计算。工程师们可以通过 CAE 技术对工程系统的各项性能进行详尽分析，发

现潜在问题并提出解决方案。例如在电力系统设计中，可以利用 CAE 技术对电网系统的稳定性、可靠性等进行精细化计算，以保障电网运行的安全性和稳定性。

3. 科学化

CAE 技术是基于科学原理和数值计算方法的，具有科学化的特点。它通过建立数学模型、模拟分析和优化设计，为工程设计和优化提供科学依据和技术支持。CAE 技术的科学化特点使得工程设计和分析更加准确、可靠，能够满足复杂工程问题的需求。例如在地质工程领域，可以利用 CAE 技术对地下水流、地表稳定性等进行科学计算和分析，为地质灾害防治提供有效手段。

三、CAE的常用软件

随着计算机智能化、前后处理、人机交互技术的进步，以及有限元算法的成熟，CAE（计算机辅助工程）软件在工程领域的应用变得越来越广泛。CAE 技术的发展为虚拟仿真开发创造了条件，推动了工程分析得更快、更准确。在不同领域，CAE 软件涵盖了结构、流体力学、多体动力学、工艺和装备性能等方方面面。根据功能和用途，CAE 软件可以大致分为通用前后处理软件、通用有限元求解软件以及行业专用有限元软件。

（一）通用前后处理软件

通用前后处理软件如 Hypermesh、Hyperview、Ansa、Patran、TSV-Pre 等，具有多种 CAD 格式接口和 CAE 求解器接口。它们适用于多种求解类型文件的生成，提供了广泛的模型处理和后处理功能，为用户提供了灵活又高效的建模和分析工具。

（二）通用有限元求解软件

常见的通用有限元求解软件包括 Abaqus、Adina、Algor、Ansys、Cosmos、MSC/NASTRAN、MSC/MARC、NEI/NASTRAN 等。这些软件在结构分析、流体力学分析、多体动力学分析等方面都有着各自的特点和优势。一般将其分为线性分析软件和非线性软件，其中 Ansys、Algor 在线性分析方面具有优势，而 Abaqus、Nastran、Adina、Marc 等则在非线性分析方面有着广泛的应用领域。Abaqus 被认为是功能最强大的非线性有限元求解软件之一，而 Ansys 因其强大的分析功能和友好的界面而占据了大部分市场份额。

（三）专用前后处理软件

Abaqus/CAE 和 Ansys/Workbench 是专用前后处理软件，它们由求解器厂商专门为自己的求解器开发，将建模、分析、作业管理和结果可视化处理整合在一起。这种集成的设计使得分析过程与分析工具高度统一和紧密结合，提高了软件的集成性和用户体验。Abaqus更适合工程应用，而Ansys则更加学术化，适合研究应用。对于复杂的装配体分析，Ansys/Workbench 通常是首选的工具。

四、我国CAE技术发展现状

我国的 CAE 技术发展现状反映了一系列挑战和机遇，需要综合考虑技术、市场和人才等多方面因素，以推动 CAE 技术在我国的广泛应用和发展。

第一，就软件开发而言，我国在 CAE 软件领域的开发相对薄弱，市场被发达国家垄断，这导致我国 CAE 软件市场份额较小。尽管有些企业和科研机构在 CAE 软件的开发上进行了努力，但自主知识产权软件的市场竞争力还不足，缺乏核心技术和成熟产品。这意味着我国在 CAE 软件开发方面需要更多的投入和支持，以提高自主研发能力，降低对国外软件的依赖度。

第二，工业企业对 CAE 技术的认知和应用仍处于初步阶段。虽然一些大型企业已经开始意识到 CAE 技术在产品设计和制造中的重要性，但中小型企业普遍存在对 CAE 技术的认知不足和应用难度大的问题。这需要通过加强宣传和培训，提高企业对 CAE 技术的认识和应用水平，推动 CAE 技术在工业领域的普及和应用。

第三，人才培养也是我国 CAE 技术发展的一个关键因素。尽管近年来我国在工程技术人才培养方面取得了一定进展，但对于掌握 CAE 技术的专业人才仍然供不应求。缺乏高水平的人才储备限制了 CAE 技术的推广和应用，加大了企业应用 CAE 技术的难度。因此，加强高校和科研机构对 CAE 技术人才的培养，提高人才的技术水平和实践能力，对于推动我国 CAE 技术的发展至关重要。

五、CAE技术的具体应用

（一）在汽车制造业中的应用

目前，CAE 技术在汽车制造业中的应用最为广泛，如汽车的发动机、车身、底盘和整车等。

1. 汽车发动机

（1）性能评估与优化

CAE 技术可用于对汽车发动机性能进行全面评估和优化。通过数值模拟，可以分析发动机的燃烧过程、燃烧室设计、气缸压缩比等参数对性能的影响，并优化发动机设计以提高功率输出、燃油效率和排放性能。

（2）传热和冷却分析

CAE 技术可用于模拟发动机内部的传热和冷却过程，以评估冷却系统的效率和散热性能。通过有限元分析，可以优化散热器和冷却通道的设计，确保发动机在高温环境下的稳定运行。

（3）结构强度分析

CAE 技术还可以对发动机的缸体、曲轴、连杆等关键部件进行有限元分析，评估其结构强度和耐久性。这有助于发现潜在的结构问题，并进行合理的结构优化，提高发动机的可靠性和寿命。

2. 汽车车身

（1）动态与静态分析

CAE 技术可用于对汽车车身在动态和静态状态下的行为进行模拟和分析。通过有限元分析，可以评估车身结构在碰撞、振动和载荷作用下的应力分布和变形情况，从而指导车身结构设计和优化。

（2）空气动力学模拟

利用 CAE 技术，可以模拟汽车在行驶时的空气动力学特性，包括空气阻力、升力和气流分布等。这有助于优化车身外形设计，减小空气阻力，提高汽车的燃油经济性和稳定性。

（3）噪音分析

CAE 技术还可用于分析汽车行驶时产生的噪音，并评估其对车内乘客的舒适性影响。通过有限元模拟，可以确定噪音源的位置和强度，并进行噪音控制设计，以提高汽车的乘坐舒适性。

3. 汽车底盘

（1）车架与悬架分析

CAE 技术可用于对汽车车架、悬架机构等底盘部件进行有限元分析。通过模拟汽车在不同路况下的行驶状态，可以评估底盘结构的刚度、稳定性和减震性能，并进行结构优化以提高驾驶舒适性和操控性能。

（2）传动系统分析

CAE 技术还可以对汽车的变速器、传动轴等传动系统进行分析和优化。通过有限元模拟，可以评估传动系统在不同负载和速度下的工作状态，发现并解决潜在的结构问题，提高传动效率和可靠性。

4. 汽车整车

（1）平顺性与稳定性模拟

利用 CAE 技术，可以模拟汽车在不同路况和行驶速度下的平顺性和操作稳定性。通过有限元分析，可以评估悬架系统、转向系统等对车辆行驶稳定性的影响，并进行优化设计以提高车辆的驾驶舒适性和安全性。

（2）碰撞模拟与安全评估

CAE 技术在汽车碰撞安全方面也发挥着重要作用。通过模拟车辆在发生碰撞时的变形和能量吸收情况，可以评估车辆在碰撞事故中的安全性能，并进行碰撞安全设计的优化。这种模拟可以帮助设计师预测汽车在碰撞中的表现，改进车身结构以提高乘客的安全性。

（二）飞机制造业中的应用

飞机制造业中，传统飞机结构手工设计方法是利用 CAD 软件绘制图纸，而工程力学通过简化结构和力学模型进行分析。采用这种方法进行设计，缺陷在于设计过程不明朗，无法清楚认识到设计过程中存在的问题，需要在生产制造过程中进行试验，如风洞试验等，以保障生产制造能够顺利进行。而采用 CAE 技术后，飞机结构设计阶段就可以通过仿真系统模拟飞机结构，分析飞机性能，从而在设计阶段优化飞机结构设计方案，大大降低飞机制造的研发时间和成本。

1. 飞机结构设计

（1）仿真系统模拟

CAE 技术通过建立飞机结构的数值模型，可以进行各种仿真系统的模拟，如有限元分析、计算流体动力学（CFD）分析等。这使得工程师可以在计算机上对飞机结构进行全面的仿真和分析，从而更好地了解结构的受力情况和性能特点。

（2）优化设计方案

基于 CAE 技术的仿真系统，工程师可以针对不同的设计方案进行多次仿真和比较，以评估每种方案的性能表现。通过在设计阶段对结构进行优化，可以提

高飞机的强度、刚度、耐久性等性能指标，同时降低结构的重量和材料消耗，实现设计方案的最佳化。

（3）问题识别与解决

CAE 技术可以帮助工程师及早识别飞机结构设计中存在的问题，并提供解决方案。通过仿真系统模拟飞机在各种工况下的受力情况，可以发现潜在的结构缺陷和弱点，从而及时进行调整和改进，确保飞机的安全性和可靠性。

2. 飞机性能分析

（1）空气动力学模拟

利用 CAE 技术的 CFD 分析，可以对飞机在不同飞行状态下的空气动力学特性进行模拟和分析。这包括飞机的升阻比、升降力分布、气动稳定性等性能指标，为飞机的外形设计和气动布局提供科学依据。

（2）飞行器动力学分析

CAE 技术还可以模拟飞机在飞行过程中的动力学行为，包括姿态稳定性、操纵性能、飞行品质等方面的分析。通过仿真系统模拟飞机在不同飞行状态下的响应，可以评估飞机的飞行性能和操控特性，为飞行员提供准确的飞行参数和指导。

3. 制造工艺优化

（1）材料选择与工艺优化

CAE 技术可以在飞机制造的早期阶段就进行材料选择和工艺优化的仿真分析。通过对不同材料和工艺方案的仿真比较，可以评估其对飞机结构性能和制造成本的影响，为制造工艺的优化提供科学依据。

（2）生产工艺仿真

利用 CAE 技术可以模拟飞机零部件的生产过程，包括冲压、焊接、成型等工艺环节。通过仿真分析，可以优化生产工艺参数，提高生产效率和产品质量，降低生产成本和人工投入。

（三）板材加工成型中的应用

板材加工成型过程中，从力学角度分析，主要包括板材材料、几何、边界等复杂力学。以往人们采用解析法计算力学，但计算结果一般会存在很大误差。随着计算机技术和有限元技术的不断发展，板材加工成型过程中可以通过计算机进行模拟和分析。板材加工成型中主要涉及内容有单元技术、算法选择、网格划分

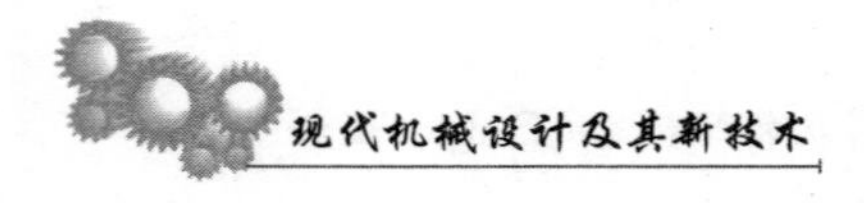

和接触缺陷处理等。

1. 单元技术

（1）有限元分析

在板材加工成型中，常常采用有限元分析方法对板材进行力学建模和分析。通过将板材划分成小的有限元单元，结合边界条件和加载情况，可以模拟板材在加工过程中的受力情况和变形行为。这种方法能够更准确地预测板材的应力分布、变形情况和残余应力，为工艺设计和产品优化提供科学依据。

（2）网格技术

在有限元分析中，网格划分是至关重要的一步。合适的网格划分可以保证分析结果的准确性和稳定性。针对板材加工成型中的复杂几何形状和边界条件，需要采用适当的网格划分技术，如自适应网格、非结构化网格等，以确保模拟分析的精度和效率。

2. 算法选择

（1）材料模型

在板材加工成型的有限元分析中，需要选择合适的材料模型来描述板材的力学性能。常用的材料模型包括线弹性模型、非线性弹性模型、塑性模型等，根据板材材料的特性和加工工艺的要求进行选择，以准确描述板材在加工过程中的变形和破坏行为。

（2）接触算法

在板材加工成型中，通常会涉及板材与刀具、模具等工具之间的接触问题。选择合适的接触算法对于模拟加工过程中的接触行为至关重要。常用的接触算法包括节点对节点接触、面对面接触等，需要根据具体的加工情况和接触特点进行选择，以保证模拟分析的准确性和稳定性。

3. 接触缺陷处理

（1）缺陷识别

在板材加工成型过程中，可能会出现一些接触缺陷，如划痕、裂纹等。通过CAE 技术可以对这些接触缺陷进行识别和分析，了解其对板材性能和产品质量的影响。

（2）优化设计

通过对接触缺陷的分析，可以提出相应的优化设计方案，如调整加工工艺参

数、改进模具设计等，以减少或避免接触缺陷的产生，提高板材加工成型的成功率和产品质量。

（四）模具制造行业中的应用

模具制造过程中，经常出现模具变形、起皱和开裂等状况。而运用CAE技术，能够针对这些问题采取合理的解决措施，有限元分析模具结构，减轻模具重量，提高模具强度，清楚了解模具刚性分析冲压过程中各部分的发热情况，以便更好地设计冷却水管。模具制造过程中，能够清晰观察到材料的流动情况，从而解决材料收缩问题。

1. 模具结构分析

（1）有限元分析

CAE技术可以通过有限元分析方法对模具结构进行详细的力学建模和分析。通过将模具划分为小的有限元单元，并考虑各部分的材料性能、加载条件和边界约束，可以模拟模具在冲压、注塑等工艺过程中的受力情况和变形行为。这有助于发现潜在的结构问题，如变形、起皱、开裂等，并提出相应的解决方案。

（2）模具强度优化

基于有限元分析的结果，可以针对模具结构进行强度优化设计。通过优化材料选择、结构布局、加强筋设置等方式，可以提高模具的抗压能力和耐用性，减少在生产过程中的结构失效和损坏风险。

2. 重量减轻与强度提升

（1）结构优化

利用CAE技术进行结构优化分析，可以有效减轻模具的重量，提高其强度和刚性。通过优化模具结构布局、加强关键部位、减少不必要的材料消耗等方式，实现模具轻量化设计，同时确保其满足生产需求和质量标准。

（2）材料选择

CAE技术还可以辅助模具设计人员选择合适的材料，以在保证模具强度的前提下尽可能减轻模具的重量。通过材料性能的模拟分析和对比，可以确定最佳的材料组合，以提高模具的性能和使用寿命。

3. 温度分析与流动模拟

（1）温度场分析

在模具制造过程中，温度分布对于模具的性能和生产效率至关重要。CAE

技术可以模拟分析模具在冲压、注塑等工艺过程中的温度场分布，帮助优化模具的冷却系统设计，提高模具的散热效率，从而避免因温度过高而导致的变形和损坏。

（2）材料流动模拟

在注塑模具制造中，材料的流动情况直接影响成型零件的质量和表面光洁度。利用 CAE 技术进行材料流动模拟，可以优化模具的设计参数和流道结构，提高注塑成型的精度和效率，减少废品率。

（五）建筑工程中的应用

随着 CAE 技术的快速发展，被逐渐应用于建筑工程施工。利用计算机辅助分析功能，能够简化繁杂的工程分析，使复杂工程分析层次化，节省大量时间，避免低效重复工作，提高工程分析效率。

1. 设计阶段的应用

（1）结构分析与优化

在建筑设计阶段，CAE 技术可以通过有限元分析等方法对建筑结构进行力学模拟和分析，评估结构的稳定性、强度和刚度等性能，发现潜在的结构问题并提出优化建议。通过优化设计，可以实现结构材料的合理利用、减轻结构重量、提高结构抗震性能等目标。

（2）材料选择与性能评估

CAE 技术可以模拟建筑材料的物理性能和工程行为，如强度、刚度、耐久性等，帮助设计师选择合适的材料并评估其在建筑工程中的性能表现。通过模拟分析，可以预测材料在不同环境条件下的变化规律，为设计提供科学依据。

2. 施工阶段的应用

（1）工艺模拟与优化

在建筑施工阶段，CAE 技术可以模拟建筑施工过程中的各种工艺操作，如混凝土浇筑、钢结构安装等，优化施工方案，提高施工效率和质量。通过模拟分析，可以预测施工过程中可能出现的问题，并及时调整施工计划，避免延误工期和增加成本。

（2）安全评估与风险控制

CAE 技术可以模拟建筑施工过程中的各种安全风险，如坍塌、倾斜、振动等，评估施工现场的安全性，并制定相应的安全措施和应急预案。通过模拟分析，

可以识别潜在的安全隐患，及时采取措施加以控制，保障施工人员和周围环境的安全。

3. 后期维护与管理阶段的应用

（1）结构健康监测

利用CAE技术可以对建筑结构进行长期监测和评估，实时监测结构的变形、裂缝和损伤情况，预测结构的寿命和维护周期，及时进行维护和修复，延长建筑的使用寿命。

（2）节能与环保评估

CAE技术可以模拟建筑的能耗和环境影响，评估建筑的能源利用效率和环保性能，为建筑节能设计和环保管理提供科学依据，降低能源消耗和环境污染。

（六）其他行业中的应用

随着CAE技术的不断发展和CAE软件功能的不断完善，CAE技术在各行各业的应用更加广泛。除了上述领域外，其在建筑桥梁建设业、生物医学业、电子产品制造业、冶金和日常用品制造业等得到了广泛应用。例如著名的体育用品耐克公司，设计高级旅游鞋受力结构时采用有限元分析技术，通过有限元技术保证鞋体受力均衡，并最大程度降低鞋的重量。

第二节 CAM在现代机械制造中的应用与实践

一、CAM技术在塑料模具设计中的应用案例

CAE技术在塑料模具设计中的应用塑料模具设计工作的开展对于设计人员的要求非常高。设计人员只有具备较高的专业素养，且具有极为丰富的设计经验，并对成型的材料和工艺有所了解，才能够确保设计出来的塑料模具符合生产塑料制品的需求。而CAE技术是一种为了促进计算机辅助设计工程技术和计算机辅助制造工程技术发展而产生的新型应用软件，将其应用到塑料模具设计当中，可以帮助设计人员借助其技术优势，及时发现塑料模具设计中存在的问题，进而提升设计的科学合理性，保证设计出来的塑料模具使用功能充分发挥出来。

（一）CAE技术在塑料模具设计中的应用优势

CAE技术，又叫作Computer Aided Execution，指的是一种集数值运算技术、

信息数据库、应用工程分析、方针模具以及多媒体构图学等多种功能于一体的软件系统，将其应用到塑料模具设计中，可以借助高分子流变学理论、函数计算理论以及构图形式理论，对制造工艺进行数据化模拟，将塑料模具的成型过程进行形象逼真地展现。这样一来，就可以及时发现塑料模具设计中存在的问题，并及时进行修改和纠正。在传统的塑料模具设计过程中，主要凭借设计人员的个人经验进行操作。当模具设计出来之后，只有进行试模，才能够发现设计过程中存在的问题。之后再根据用户需求对塑料模具设计中的细节问题进行修改。整个设计与修改过程，需要花费大量的时间和精力。而 CAE 技术的应用，则可以有效改善这一现状。应用了 CAE 技术的塑料模具设计流程，如图 4-1 所示。

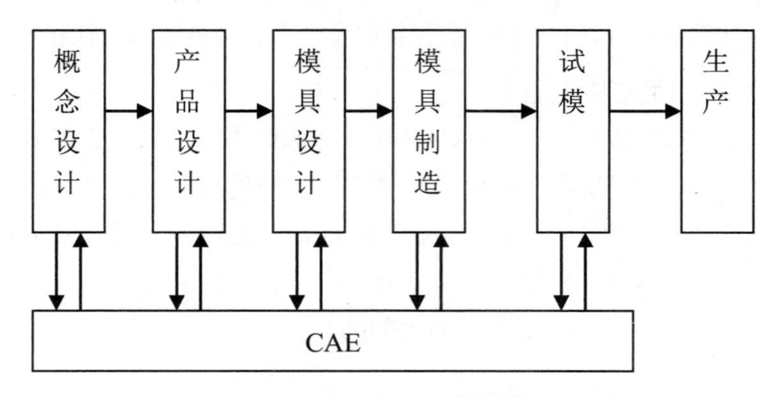

图 4–1　应用 CAE 技术的塑料模具设计流程

通过图 4-1 可以看出，这是一种全新的以并行路线应用为主的设计制造流程。首先，在模具制造之前，就可以直接利用 CAE 技术，在计算机上对注塑成型过程进行模拟和分析，进而对熔体的充模过程、保压过程以及冷却过程进行提前预测，了解成品的应力分布、分子和纤维取向分布，了解成品的收缩情况，是否存在凹陷、熔接痕以及翘曲变形等问题。这样一来，在设计模拟阶段就可以找出设计缺陷，并通过工艺参数的调整和工艺流程的优化来解决相关问题。因为不需要等到模具制造和试模后再发现设计问题，并对模具进行修改，所以设计成本更低，设计效率更高，设计效果更好。

（二）CAE 技术在塑料模具设计中应用存在的问题

1. 缺乏较高的技术集成化水平

在塑料模具设计领域，尽管 CAE 技术在西方发达国家得到了广泛应用，但在我国的应用水平仍然相对较低。这主要体现在技术集成化水平不高、应用时间

短暂以及与工艺技术的差异等方面。

第一，CAE 技术在塑料模具设计中的应用仍然面临着集成化水平不高的挑战。尽管一些先进软件被引入，以保证模具的造型效果，但在模具方案设计与分析过程中，仍存在着诸多计算方面的问题。这些问题可能源于软件功能的限制、算法的不完善以及模型的简化等因素，导致了模具设计的准确性和可靠性不足。

第二，我国的 CAE 技术在塑料模具设计领域的应用时间相对较短，很多技术的应用还处于初步探索阶段。因此，尚未形成成熟的技术积累和应用经验，缺乏对复杂工程问题的全面解决方案。这也导致了在塑料模具设计过程中，无法充分发挥 CAE 技术的优势，无法实现高效率的设计与分析。

第三，工艺技术与计算机模拟之间存在差异，对相应软件的使用性能产生了限制。例如一些软件可能存在运算速度过慢、无法高效率联网，以及无法对电磁干扰进行有效抵抗等问题。这些限制影响了软件在塑料模具设计中的实际应用效果，使得设计工作难以顺利进行。

2. 缺乏较大的软件开发力度

在 CAE 技术的应用中，软件配置偏低的问题也十分严重。虽然一些生产企业已经从国外引进了一些相对先进的软件，但是由于是外来技术，理解能力有限，所以并没有将这些软件的使用功能全部开发出来，且总是在数控编程与计算分析方面出现问题，或者使工程绘图工作的进行充满阻碍。另外，国内的一些设计单位虽然也在进行相关技术软件的开发，但是缺乏一定的组织性和计划性，设计开发工作没有重点，且存在着大量重复性工作。这样，必然会对软件的开发进度产生影响。目前，CAE 技术的应用，主要体现在以下三方面：工程绘图方面、制造工艺和设计工艺的分析方面、数控机床的通信方面等。虽然我国设计单位也研发出了一些其他软件，但是整体而言，研发水平偏低，研发类型偏少。

3. 缺乏专业的人才和设备支持

在塑料模具制造领域，缺乏专业的人才和设备支持是限制 CAE 技术应用的关键因素之一。这主要表现在设备老化、设备配置简陋、设备分散和人才素养等方面。

第一，设备老化问题导致了精度下降和生产效率降低。许多企业使用的加工设备已经存在不同程度的老化，无法满足现代模具制造的要求。由于设备精度下降，生产出的模具质量无法达到预期水平，从而影响了整个生产流程的效率和质量。

第二，部分企业仍然使用普通的加工设备，并且没有定期进行设备更新和升级。特别是在热处理加工工序中，仍然采用传统的生产模式，导致了能耗率较高、生产效率较低的问题。这些老化的设备结构简陋，需要工作人员具备丰富的实践经验才能顺利进行作业。

第三，即使部分企业引进了国外先进的加工设备，但设备配置却相对分散，没有形成系统。这导致了设备利用率低下，先进功能无法充分发挥。缺乏系统化的设备配置和管理，使得企业难以实现生产流程的高效化和自动化。

第四，即便是拥有先进设备，也需要具备高素质的专业人才才能充分发挥其应有作用。CAE 技术需要专业素养和综合素养较高的人才来进行操作和应用。缺乏专业的人才支持，即使设备再先进，也无法发挥其应有作用，从而限制了 CAE 技术在塑料模具制造中的应用。

（三）CAE 技术在塑料模具设计中的应用策略

1. 促进 CAE 技术的多元化发展

目前，塑料模具设计的发展表现出了集成化趋势、三维化趋势、智能化趋势和网络化趋势。而 CAE 技术的应用也应当紧跟塑料模具设计的发展趋势。首先，加强集成化模块的应用，提高 CAE 技术功能相关资源的共享性，并做好相应的检测工作，如模具设计检测、模具制造检测和模具装配检测等。例如英国某公司就已经研发出了系列软件，既可以设计出曲面和实体几何造型，也可以对复杂性形体进行工程制图。集成化程度较高的软件主要有 UG 软件和 catia 软件。

目前，我国也已经在金属塑性成型方面研发出了有限元分析系统和系列软件；其次，为了加强 CAE 技术的应用，还可以提升其三维化程度。即在进行塑料模型的设计、分析以及制造时，不仅要实现设计图纸的无纸化，还要将模具的造型全方位、直观地展现出来；最后再利用三维数字化模型完成产品结构的有效分析和模具可制造性的评价。

2. 加大先进技术的引进力度

在推动 CAE 技术在塑料模具制造领域的应用中，加大先进技术的引进力度是至关重要的。这涉及选择更快速的加工技术，以及引入虚拟现实技术等方面。

第一，可以优先选择速度更快的加工技术，以提升产品的设计质量和生产效率。高速加工技术可以加快机床的主轴运转速度，优化设备的激振频率，从而实现更高的加工效率。同时，高速加工技术还能保证加工过程的稳定性和安全性，避免因冲击力不合理而降低加工精度的问题。通过引入高速加工技术，可以加快模具制造的速度，缩短生产周期，提高生产效率。

第二，虚拟现实技术是另一个可以推动 CAE 技术应用的重要手段。虚拟现实技术可以模拟模具设计环境和制造环节，将设计和制造过程直观地呈现在设计人员面前。通过虚拟现实技术，设计人员可以在虚拟环境中对模具进行设计和优化，发现潜在问题并提前加以解决。同时，虚拟现实技术还可以用于模拟模具的生产过程，帮助生产人员更好地理解模具的结构和加工工艺，提高生产效率和质量。

加大先进技术的引进力度是推动CAE技术在塑料模具制造领域应用的关键。通过引入高速加工技术和虚拟现实技术，可以提升模具制造的效率和质量，实现更高水平的模具设计和生产。这不仅有助于满足市场需求，提高企业竞争力，还能够推动整个行业的发展，促进经济的持续增长。

3. 提升工作人员的综合素养

提升工作人员的综合素养对于塑料模具设计与制造的全过程至关重要。尽管现代的模具设计与制造已经借助了先进的计算机辅助工程（CAE）技术，但其成功应用仍然需要高度训练有素的专业人员。这是因为，即便是最先进的CAE系统，其有效运行仍然需要设计人员具备丰富的工作经验和专业素养。

第一，CAE 技术的应用并不仅仅是简单的按键操作，而是需要设计人员对模具设计与制造的整个流程有深入的理解。从模具的结构、材料特性到制造工艺的选择，都需要设计人员根据实际情况进行综合考量和判断。因此，提升工作人员的综合素养意味着他们需要具备扎实的理论基础和丰富的实践经验，能够在复杂的情况下做出准确的判断和决策。

第二，综合素养还涉及多种技术的集成和各种资源的合理利用。在 CAE 技术的应用过程中，设计人员需要将模拟分析结果与实际工程需求相结合，从而为最终的模具设计提供指导。这就需要设计人员具备良好的逻辑思维能力和跨学科的知识储备，能够将各种技术手段有机地结合起来，达到最优化的设计方案。

第三，提升工作人员的综合素养还意味着加强团队协作能力和组织管理能力。在复杂的模具设计与制造过程中，往往需要多个岗位的人员共同协作，才能够完成各个环节的任务。因此，设计人员不仅需要具备个人能力，还需要善于团队合作，能够有效地组织和协调团队资源，以确保整个项目顺利进行。

二、CAE技术在农业机械设计中的应用

CAE 技术在农业机械设计领域具备一定的优势，结合农业生产管理的实际要求将 CAE 技术融入农业机械设计中，可以有效强化农业机械使用效率、农业机械生产效率，保证农业生产的稳定性。借助 CAE 技术创建管理模型，通过仿真技术来保障农业机械设计的质量，实现设计与指导的同步性。但是 CAE 技术在我国兴起的时间相对较短，在实际开展农业机械设计时，还应该结合农业机械设计的实际要求，明确设计的关键点，充分发挥出 CAE 技术优势，强化农业机械稳定性、高效性。

（一）CAE 技术及其在农业机械设计中的应用案例

CAE 技术在农业机械设计中的应用是农业现代化的重要组成部分。农业机械设计需要考虑到农业生产的特殊环境和需求，而 CAE 技术的运用可以为农业机械设计提供更加科学、精准的支持，从而提高农业机械的效率、性能和可靠性。

第一，农业机械设计需要考虑到在恶劣的自然环境下的工作条件。比如农业机械在耕作、收割等过程中会受到不同程度的振动、冲击和扭转力，这对机械的结构强度和稳定性提出了严格要求。通过 CAE 技术进行有限元分析，可以模拟出不同工况下的应力和变形情况，为机械结构的设计提供科学依据。例如可以通过有限元分析优化农机的框架结构和连接件，增强其抗震能力和耐久性，提高机械的使用寿命和可靠性。

第二，农业机械设计需要考虑到不同作业情况下的性能要求。不同种类的农业机械在作业时可能需要承受不同的载荷和工况，例如拖拉机在耕作、收割和运输等环节的工作性能需求有所不同。通过 CAE 技术进行仿真优化，可以对农机的传动系统、液压系统和机械结构进行综合分析和优化设计，以满足不同作业条件下的性能要求。例如可以通过仿真优化改进农机的传动装置，提高传动效率和动力输出，从而提高作业效率和经济效益。

第三，农业机械设计还需要考虑到生产制造的成本和效率。通过 CAE 技术进行虚拟设计和仿真验证，可以降低设计试错成本，提高设计的准确性和可靠性。同时，通过 CAE 技术优化加工工艺和制造工艺，可以提高生产效率和产品质量，降低生产成本。例如可以通过 CAE 技术优化农机的零部件结构和加工工艺，提

高零部件的制造精度和装配精度，从而提高产品的整体性能和可靠性。

（二）CAE 技术在农业机械设计中的应用策略

1. 明确农业机械设计标准

CAE 技术在实际应用的过程中，可以结合农业机械设计的实际要求，明确农业机械设计标准，从而在不同情况下发挥多重作用。在信息化社会中，CAE 技术与农业机械设计相结合，不仅能强化农业机械企业的综合竞争力，还能促进农业机械设备的现代化发展，使 CAE 技术优化升级，形成良性闭环。为了真正展现出 CAE 技术在农业机械领域的功能，必须结合生产管理工作的实际情况，对 CAE 技术应用的各环节进行辨别，借助不同类别的技术手段来调整 CAE 技术应用效率。在明确农业机械设计目标的基础上，立足农业机械的实际发展情况，规范各项农业机械技术设计要求，借助 CAE 技术促进农业生产管理升级转型。

2. 构建良好技术指导方法

为了构建良好的技术指导方法，以 CAE 技术为基础，提高农业机械设计的效率和质量，需要从多个方面进行综合考虑和优化。

第一，需要建立完善的技术指导体系。这包括对 CAE 技术在农业机械设计中的应用进行系统总结和归纳，形成完整的技术指南和操作手册。这些指导性文件应该涵盖从 CAE 软件的基础使用到高级仿真技术的应用，覆盖农业机械设计的各个环节和关键问题，以确保设计人员能够全面掌握 CAE 技术的应用方法和技巧。

第二，需要开发专业化的 CAE 软件工具。这些工具应该针对农业机械设计的特点和需求，提供定制化的功能和模块。例如针对农业机械的结构特点和工作环境，开发专门的模拟分析模块和设计优化工具，以满足设计人员对于性能、耐久性和经济性等方面的需求。

第三，需要建立健全的培训和技术支持体系。通过举办培训班、开展技术交流会和提供在线技术支持等方式，培养和提升设计人员的 CAE 技术水平，确保他们能够熟练掌握和灵活运用 CAE 软件工具。同时，建立专业的技术支持团队，及时解决设计人员在使用过程中遇到的各种技术问题和困难，保障农业机械设计工作的顺利进行。

第四，需要不断完善和优化技术指导方法。随着农业机械设计技术的不断发展和变革，技术指导方法也需要与时俱进，及时更新和调整。定期开展技术评估和经验总结，吸取用户反馈和行业发展动态，不断改进和完善技术指导体系，以确保其与实际应用需求保持一致，真正发挥CAE技术在农业机械设计中的作用，推动农业机械设计的现代化和智能化发展。

3. 强化动态模拟分析效率

从农业机械实践应用的层次来看，农业机械运转的过程中一般存在诸多问题，为了切实有效解决这些问题，技术人员一般会采取大量的试验分析方法。但是由于经费有限，可以借助CAE技术手段实施动态化的农业机械应用分析，进而解决农业机械在实际应用中存在的问题。例如在联合收割机运行的过程中，共振现象会造成电子设备发生毁损，直接干扰联合收割机的高效使用，而借助CAE技术动态化模拟分析系统，可以优化不同结构尺寸的振动频率数据，最终促使系统频率与工作频率重合。在动态化应用数据捕捉与分析的基础上，及时发现问题并解决问题，从而实现农业机械的高效运转。

三、CAE技术在有色金属加工装备中的实例运用

（一）CAE技术在有色金属加工装备智能化设计中的作用

CAE软件在国内主要应用于汽车、航空航天、土木工程、电子等行业，以汽车行业为例，广泛应用于汽车设计与制造过程中的各个环节，如整车操作稳定性、零部件结构强度、整车震动与疲劳强度等方面。而有色金属加工装备的设计过程，CAE技术多数情况下是在研发后期进行设计校核，CAE在开发深度和使用效果方面远没有达到应有的程度。下面介绍CAE技术在有色金属加工装备设计过程中的作用。

1. 模拟性能和工作状况

CAE技术可以在装备制造之前模拟部件或装备的性能和工作状况。通过仿真分析，可以预测装备在实际工作环境中的表现，识别潜在问题并提前加以解决，从而降低后期修改和调整的成本。这有助于提高装备的设计质量和性能，确保装备在实际工作中能够达到预期的效果。

2. 减少传统设计过程中的重复工作

传统的设计制造过程中往往需要进行多次试验和修改，而CAE技术的应用可以减少这些重复过程。通过仿真分析，设计工程师可以快速评估不同设计方案的性能，并优化设计参数，从而减少试验和修改的次数，提高设计效率。

3. 实现设备减重和综合性能优化

传统设计方法往往依靠经验进行定性分析，缺乏定量分析的支持。而 CAE 分析技术可以为设计工程师提供准确的数值结果，实现设备减重和综合性能优化。通过对材料和结构的仿真分析，可以确定最佳的设计方案，从而提高装备的性能和可靠性。

4. 快速尝试和比较多种设计方案

CAE 技术可以在短时间内尝试和比较多种设计方案，从而帮助设计工程师更快地找到最佳的设计方案。通过对不同参数和条件的仿真分析，可以全面评估各种设计方案的优缺点，减少设计研发风险，提高设计效率。

5. 提供大量仿真试验数据和技术参数

CAE 技术具有灵活、方便、快捷的特点，可以为设计工程师提供大量仿真试验数据和技术参数。这些数据和参数对于优化设计和提高装备性能至关重要，有助于增加企业的经验积累和提高企业的设计能力。

（二）CAE 技术在有色金属加工装备设计中的应用

CAE 技术的应用改变了传统的设计方法和理念，可以尝试多种设计方案，减少盲目性的修改。同时该技术便捷、灵活的特点能为设计者们提供大量的模拟数据和技术参数，提升企业的经验和设计能力。下面结合 CAE 技术在有色加工装备的设计优化方面，以及在模拟有色加工装备对加工产品质量的影响与控制能力方面，分析以下应用案例。

1. 在设计优化中的应用

（1）基于 Ansys 的 4 辊光整机牌坊的有限元分析

为了满足板材的光整要求，获得更高机械性能的 4 辊光整机牌坊。牌坊结构研究采用 Ansys 有限元分析软件对 4 辊光整机牌坊进行建模，牌坊的网格结构采用计算机自动进行智能划分，如图 4-2 所示。并对其施加位移约束和最大应用载荷，进行应力强度和位移的有限元分析，找出机架承受最大变形及应力数据，在立柱上部和上横梁圆柱体的过渡圆角处显示出了最大应力（图 4-3），最大应力值在材料的屈服极限要求以内，同时变形位移量满足牌坊的刚性要求。通过 Ansys 进行牌坊结构分析的有限元方法，可为 4 辊光整机牌坊的研究与设计提供参考依据。

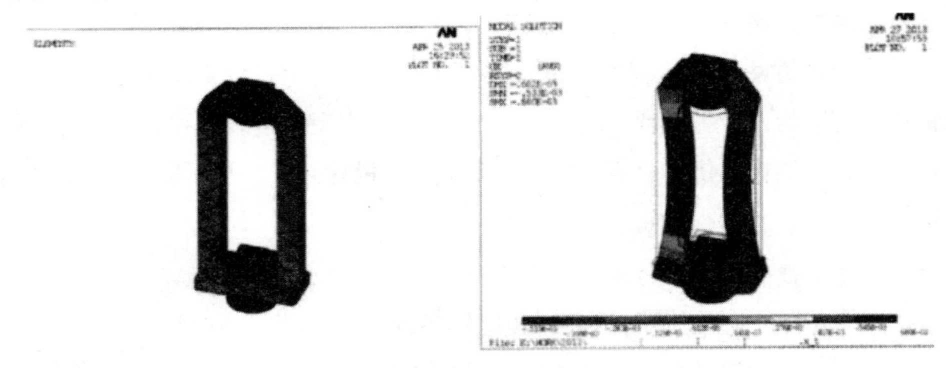

图 4-2　划分网格后牌坊　　　　图 4-3 静力位移场分析

（2）基于 Abaqus 的轧机弯辊和窜辊对轴承偏载的有限元分析

轧机是金属加工领域中至关重要的设备，其轴承的偏载问题一直是制约轧机可靠性和使用寿命的关键因素之一。利用 Abaqus 等有限元分析软件对轧机轴承的偏载问题进行深入研究，可以为轧机设计与制造提供重要参考和指导。

首先，偏载现象是轧机工作中不可避免的问题，其产生原因复杂多样。除了轧制力、弯辊力、轴向力和窜辊等因素外，还受到轧机结构、工艺参数等因素的影响。在实际工作中，轧机轴承承受的力学作用往往呈现不均匀分布，可能导致轴承承载能力不足、寿命缩短等问题。

针对轧机轴承的偏载问题，采用 Abaqus 等有限元分析软件可以建立准确的数值模型，模拟轧机工作状态下轴承的受力情况。通过分析轧机工作辊的轴承，可以根据实际工作情况构建不同窜辊量状态下的有限元分析模型，模拟偏载对轴承的影响。

在分析过程中，可以观察到在弯辊块随轧辊窜动模式下，轧机结构受封的偏心力矩与窜辊量呈现正比关系的现象。这表明了轧机工作过程中存在明显的扰度不对称，可能会对轴承造成额外的受力影响。相比之下，在弯辊块固定模式下，窜辊对轴承的扰度影响较小，表明固定弯辊块可以减少偏载效应对轴承的影响。

此外，在弯辊块不随动模式下的轴承接触应力较大，说明了窜辊量增大会导致轧辊轴承接触应力的增加，进而加剧了偏载效应。这些结果提示了轧机设计中应特别关注窜辊量对轴承的影响，并采取措施降低偏载效应对轴承的不良影响。

2.CAE 模拟有色金属加工装备对加工产品质量的影响与控制能力方面的应用

（1）基于 Ansys 的高速铝箔轧机工作辊温度场的有限元分析

铝箔轧机工作辊的热变形是影响产品带材板型质量的一个重要因素，因此进行了轧辊温度场和热凸度的计算分析。首先分析轧辊工作原理，建立其有限元分析模型。当轧辊在旋转工作时，工作辊的表面不断受热与冷却，辊面温度呈现周期性变化，并且受热与冷却状态沿工作辊轴向方向分布是不均匀的，热边界条件十分复杂。分析工作辊的工作机理可知，工作辊周围冷却环境变化对热凸度及温度场的影响很小。同时为了简化模型和提高计算机分析效率，在有限元分析过程中的工作辊模型是对称的，可选取工作辊的 1/4 作为分析对象，简化计算模型如图 4-4 所示。

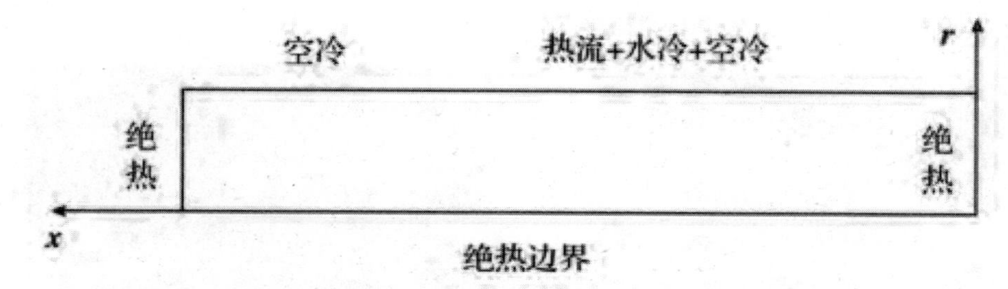

图 4–4　简化的工作辊计算模型

该案例结合某铝箔轧机工作辊的实际工况，将工作辊圆周方向的边界条件等效为多种换热过程，摩擦热的分析过程设置为采用包含滑动摩擦、黏着在内的预位移—滑动摩擦模型进行计算。运用 Ansys 软件对工作辊的温度场和热变形进行分析求解，并与生产现场的实验数据进行对比，验证了该模型与设置方法的可靠性。轧机工作辊温度场的有限元分析工作为辊型设计与板形控制提供了一定的理论依据。

（2）基于 Abaqus 的铝加工常用的两类 6 辊冷轧机的有限元分析

6 辊 CVC 冷轧机和 6 辊 UCM 冷轧机是铝加工领域常用的两类冷轧机，构建其有限元仿真模型（如图 4-5 所示），它们在板形控制技术方面采用了不同的策略，分别是 CVC 技术和 UCM 技术。为了全面了解它们在不同工艺条件和设备工况下的板形控制性能，利用 Abaqus 软件进行了有限元仿真分析，并对两种冷轧机的性能进行了比较。

在有限元仿真模型的构建过程中，首先需要考虑到冷轧机的结构特点和工作原理，以及板形控制的关键因素。针对 6 辊 CVC 冷轧机和 6 辊 UCM 冷轧机的不同特点，建立了相应的仿真模型。通过模拟不同工艺条件下的板形控制性能，可以获取到两种冷轧机的板形调节效果。

在分析比较过程中发现，两种冷轧机在工作辊弯辊和中间辊弯辊两种调节方法上的效果基本相似，但在中间辊抽动这一调控手段上存在明显的差异。具体来说，6 辊 CVC 冷轧机的中间辊抽动调控效果明显大于 6 辊 UCM 冷轧机，这反映了 CVC 冷轧机在板形控制方面的优势。

通过有限元分析得到的结果表明，基于 Abaqus 的仿真方法为板形控制技术的创新和轧机选型提供了重要的技术支持。这种仿真分析能够全面评估不同冷轧机的性能差异，为工程师和设计者提供了重要的参考和指导，有助于优化板形控制技术，提高铝加工设备的性能和效率。

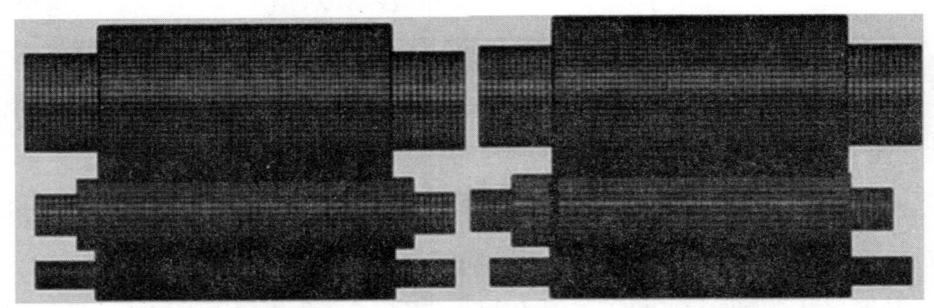

a.CVC轧机网格模型　　　　b.UCM轧机网格模型

图 4–5　CVC 轧机与 UCM 轧机的有限元仿真模型

通过以上几种 CAE 典型案例的应用可以发现，运用 CAE 技术，不仅可以对工件制造工艺性进行早期判断，而且通过对设计方案的模拟分析，能及时调整修改设计结构，缩短开发周期，通过缺陷预测来制定缺陷预防措施，改进设备设计，从而降低生产成本，提高设备的制造精度和整体性能。

第五章　仿真与虚拟设计技术

第一节　仿真技术的基本概念与分类

一、仿真技术的定义和分类

（一）仿真技术的定义

仿真技术是一种利用计算机模拟现实世界的各种过程、行为和系统的技术。它通过数学建模和计算机仿真的手段，在计算机虚拟环境中对现实世界的复杂系统进行模拟和分析。这些系统可以是机械、电子、生物、社会等各个领域中的实际系统，包括但不限于工业生产线、航空航天器、交通运输系统、气候变化模拟、经济金融模型等。

在仿真技术的应用中，首先需要将现实世界的系统抽象成数学模型，这个过程涉及对系统的结构、行为、参数等进行描述和建模。然后，利用计算机对这些数学模型进行求解和仿真，模拟系统在不同条件下的运行状态和行为。仿真技术可以通过调整模型的参数和输入条件，模拟系统的不同工作状态和场景，以便进行分析、预测和优化。

通过仿真技术，可以更好地理解现实世界中复杂系统的运行规律和行为特征。通过对系统的仿真分析，可以发现系统中的潜在问题、优化方案和改进措施。同时，仿真技术还可以用于预测系统的未来发展趋势，评估各种决策方案的效果，为决策者提供科学依据。

总的来说，仿真技术在现代科学技术和工程领域中具有广泛的应用前景和重要的学术价值。它为人们提供了一种全新的研究和分析手段，有助于提高系统设计的效率和质量，推动科学技术的进步和创新。

（二）仿真技术的分类

1. 基于物理原理的仿真技术

基于物理原理的仿真技术是一种重要的仿真方法，它基于物理学、数学等科学原理，通过建立数学模型和物理模型来模拟实际系统的行为。这类仿真技术的应用范围广泛，涵盖了工程、科学、医学等多个领域。

其中，有限元法（Finite Element Method，FEM）是一种常见的基于物理原理的仿真技术。它通过将连续的物理系统离散化为有限数量的元素，然后利用数值方法求解这些元素的行为，从而模拟整个系统的行为。有限元法广泛应用于结构力学、热传导、流体力学等领域的仿真分析中。通过有限元法，工程师可以对各种结构和材料的性能进行分析和优化，预测系统的响应和破坏情况，指导工程设计和优化。

另外，计算流体动力学（Computational Fluid Dynamics，CFD）也是一种重要的基于物理原理的仿真技术。它通过数值方法模拟流体的流动行为和传热传质过程，广泛应用于航空航天、汽车工程、能源领域等流体相关的工程问题中。利用 CFD 技术，工程师可以优化流体系统的设计，提高系统的效率和性能，降低能耗和成本。

除了有限元法和 CFD 技术，基于物理原理的仿真技术还包括有限体积法、边界元法等。这些技术都是基于物理原理和数学模型的，可以对各种复杂的工程和科学问题进行仿真分析，为实际工程设计、科学研究和决策提供重要的支持和指导。

2. 基于统计学的仿真技术

基于统计学的仿真技术是一种重要的仿真方法，它基于统计学理论，通过随机模型和概率分布来模拟系统的随机行为。这类仿真技术广泛应用于金融、风险管理、可靠性分析、天气预报等领域，其主要特点是能够考虑系统中的不确定性和随机性，提供对系统行为的概率性描述和预测。

其中，蒙特卡罗方法是一种常见的基于统计学的仿真技术。它通过随机抽样和统计分析的方法，对系统的输入参数进行随机抽样，并利用这些随机样本进行系统行为的模拟和分析。蒙特卡罗方法可以应用于各种复杂系统的仿真分析，例如金融衍生品定价、核反应堆安全分析、天气预报等。通过大量的随机抽样和统计分析，蒙特卡罗方法可以提供对系统行为的全面、准确的概率性描述，为决策提供重要的参考依据。

除了蒙特卡罗方法，基于统计学的仿真技术还包括随机过程模拟、马尔可夫链蒙特卡罗方法等。这些方法在金融领域的风险管理、工程领域的可靠性分析、天气预报和气候模拟等方面有着重要的应用。通过对系统随机性和不确定性的建模和分析，这些技术可以帮助人们更好地理解系统的行为规律，降低决策的风险，提高系统的效率和性能。

3. 离散事件仿真技术

离散事件仿真技术是一种重要的仿真方法，主要用于模拟离散事件系统，即系统状态在一系列离散时间点上发生变化的系统。在这类仿真技术中，系统的行为通常由一系列离散事件驱动，每个事件都会导致系统状态的变化，这些事件之间的发生是随机的，并且可以由一组规则来描述。离散事件仿真技术广泛应用于各种领域，如制造业、交通运输、物流、医疗保健等，其主要特点是能够模拟和分析系统中的离散事件的发生和影响，从而评估系统的性能、效率和可靠性。

其中，事件驱动仿真（DES）是离散事件仿真技术中最常见和重要的一种方法。在事件驱动仿真中，系统的行为被建模为一系列离散事件的发生和处理过程，每个事件都会触发系统中相应的行为和状态变化。这些事件可以是系统内部的操作，也可以是外部因素引起的。通过模拟和分析这些事件的发生和处理过程，可以了解系统的运行规律、瓶颈和优化方向。

离散事件仿真技术的应用范围非常广泛。在制造业中，可以利用离散事件仿真技术来模拟生产线的运行情况，评估生产效率、资源利用率和生产成本，从而优化生产计划和工艺流程。在交通运输领域，可以利用离散事件仿真技术来模拟交通流量的变化，评估交通系统的拥堵程度和运行效率，从而优化交通规划和信号控制。在医疗保健领域，可以利用离散事件仿真技术来模拟医院的运行情况，评估医疗资源的分配和利用效率，从而优化医疗服务流程和提高服务质量。

二、仿真模型的建立与验证

（一）仿真模型的建立

1. 选择合适的建模方法和工具

在选择合适的建模方法和工具时，需要考虑实际系统的特点、仿真目的和需求。不同的建模方法和工具适用于不同类型的系统和仿真场景。以下是一些常见的建模方法和工具，以及它们的特点和应用领域：

（1）离散事件仿真（DES）

离散事件仿真是一种基于事件驱动的仿真方法，适用于模拟离散事件系统，如排队系统、生产线等。在离散事件仿真中，系统的状态在一系列离散的时间点上发生变化，通常用于分析系统的运行效率、资源利用率等指标。常用的离散事件仿真工具包括 Arena、Simio 等。

（2）连续系统仿真

连续系统仿真是一种基于微分方程或差分方程的仿真方法，适用于模拟连续系统，如物理系统、控制系统等。在连续系统仿真中，系统的状态是连续变化的，通常用于分析系统的动态响应、稳定性等性能。常用的连续系统仿真工具包括 Simulink、COMSOL Multiphysics 等。

（3）混合仿真

混合仿真是将离散事件仿真和连续系统仿真相结合的一种仿真方法，适用于模拟既包含离散事件又包含连续过程的复杂系统，如供应链系统、交通系统等。混合仿真可以更全面地考虑系统的各个方面，提高仿真的准确性和可信度。常用的混合仿真工具包括 AnyLogic、ExtendSim 等。

在选择建模方法和工具时，需要根据仿真需求和系统特点综合考虑。例如需要模拟复杂的供应链系统或交通系统的场景，可以选择混合仿真方法和工具；对于需要分析排队系统或生产线的效率的场景，可以选择离散事件仿真方法和工具；对于需要分析控制系统或物理系统的动态响应的场景，可以选择连续系统仿真方法和工具。

2. 抽象系统特点

在建立仿真模型之前，对实际系统进行适当的抽象和简化是至关重要的。这种抽象过程需要将系统的复杂性降低到可以管理和分析的水平，同时保留系统的关键特征和行为。以下是对抽象系统特点的深入探讨：

第一，系统的结构是建立仿真模型的基础。在抽象过程中，需要理解系统的组成部分以及它们之间的关系。这包括系统中的各种组件、子系统，以及它们之间的连接和交互方式。通过对系统结构的抽象，可以建立起模型的框架和基本结构。

第二，系统的动态行为是建立仿真模型的核心。动态行为描述了系统随着时

间的推移而发生的变化和演化。在抽象过程中，需要识别系统的关键动态行为，并将其转化为数学模型或计算模型。这些模型可以描述系统的运行机制、响应特性和对外部输入的反应。

第三，系统的输入输出关系也是建立仿真模型时需要考虑的重要因素。输入输出关系描述了系统对外部刺激的响应方式，以及系统的输出如何受到内部状态和外部条件的影响。在抽象过程中，需要确定系统的输入输出变量，并建立它们之间的关联关系，以便在仿真过程中准确地模拟系统的行为。

3. 考虑系统的结构和动态行为

在建立仿真模型时，系统的结构和动态行为是至关重要的考虑因素。系统的结构涉及系统的组成部分以及它们之间的相互关系，而系统的动态行为则描述了系统随着时间推移而发生的变化和演化。

第一，系统的结构是建立仿真模型的基础。系统的结构包括系统的组成部分、子系统以及它们之间的连接和交互方式。在建立仿真模型时，需要对系统的结构进行深入的分析和理解。这包括确定系统中的各种组件、设备、过程等，以及它们之间的相互作用关系。通过对系统结构的分析，可以建立起仿真模型的基本框架和结构，为后续的仿真建模工作奠定基础。

第二，系统的动态行为是建立仿真模型的核心。系统的动态行为描述了系统随着时间的推移而发生的变化和演化。在建立仿真模型时，需要深入理解系统的动态行为，并将其转化为数学模型或计算模型。这些模型可以描述系统的运行机制、响应特性，以及对外部输入的反应。通过对系统动态行为的分析，可以建立起仿真模型的动态模型，实现对系统行为的准确模拟和预测。

（二）仿真模型的验证

1. 检验输入数据的准确性

（1）确认输入参数的来源和准确性

在建立仿真模型之前，确认输入参数的来源和准确性至关重要。这一步骤是保证仿真模型可靠性的基础，因为任何一个不准确的输入参数都可能导致仿真结果的误差，从而影响对实际系统行为的准确预测。

首先，确认输入参数的来源是确保仿真模型可靠性的第一步。输入参数可以有多个来源，包括实验数据、文献资料、专家经验等。在确认来源时，需要对数据的可信度进行评估，以确保数据的准确性和可靠性。例如实验数据应该来自可靠的实验室或生产现场，文献资料应该来自权威的学术期刊或专业书籍，专家经验应该来自经验丰富、业务水平高的专业人士。

其次，验证输入参数的准确性是确认仿真模型可靠性的关键一环。这包括对数据的采集方法、采集时间等方面进行检查和确认。采集方法的合理性直接影响数据的准确性，应当选择合适的采集方法来获取数据，避免因采集方法不当而引入误差。采集时间也是一个重要考虑因素，特别是对于时间敏感的系统，数据的采集时间应该与仿真模型的应用场景相匹配，确保仿真模型反映的是当前实际系统的状态。

在确认输入参数的来源和准确性时，还需要考虑数据的完整性和一致性。数据的完整性指的是数据是否包含了系统的所有关键信息，一致性指的是数据之间是否存在逻辑上的一致性。只有在数据完整且一致的情况下，才能确保仿真模型的输入参数具有足够的准确性和可靠性。

（2）核对初始条件的合理性

在进行仿真模型的验证前，确保初始条件的合理性至关重要。初始条件是指仿真模型开始运行时系统所处的状态和环境条件，它直接影响了仿真模型的输出结果和准确性。因此，核对和确认初始条件的合理性是确保仿真模型可靠性的重要步骤。

第一，对系统初始状态进行核对和确认是确保仿真模型可靠性的基础。系统的初始状态包括各个变量的初始取值，以及系统的初始状态变量。在核对初始状态时，需要确保各个状态变量的取值符合实际系统的情况，并且与仿真模型的预期一致。例如动态系统，初始状态可能包括位置、速度、加速度等变量，需要确保这些变量的取值合理且符合实际情况。

第二，核对环境条件的合理性也是确保仿真模型可靠性的重要环节。环境条件包括系统运行时所处的外部环境，例如温度、湿度、气压等因素。在核对环境条件时，需要确保仿真模型考虑到了系统所处的真实环境，并且模拟了这些环境条件对系统行为的影响。例如在仿真汽车行驶过程中，需要考虑到不同季节和地域的环境条件对车辆性能的影响，以保证仿真结果的准确性和可靠性。

第三，核对初始条件的合理性还需要考虑到系统的稳定性和可靠性。合理的初始条件应当能够确保系统在仿真过程中能够稳定运行，并且能够产生可靠的输出结果。因此，在核对初始条件时，需要综合考虑系统的动态特性和稳定性要求，以确保仿真模型能够产生准确且可靠的仿真结果。

2. 验证参数设置的合理性

（1）进行参数敏感性分析

参数敏感性分析是评估仿真模型中各个参数对模型输出结果影响的一种重要方法。在进行参数敏感性分析时，需要逐步调整模型中的各项参数，并观察这些参数变化对仿真结果的影响程度。通过这种分析方法，可以确定哪些参数对模型输出结果具有较大的影响，并进一步优化参数设置，提高仿真模型的准确性和可靠性。

第一，进行参数敏感性分析需要对模型中的关键参数进行明确定义和选取。这些参数可能包括系统的物理性质、环境条件、初始状态等。在选择参数时，需要考虑到这些参数对系统行为的重要程度和可能的变化范围，以确保分析的全面性和准确性。

第二，进行参数敏感性分析时需要建立合适的实验设计方案。这包括确定参数的变化范围和步长，并设计一系列实验来观察参数变化对模型输出结果的影响。常用的实验设计方法包括单因素实验设计、正交试验设计等，通过这些方法可以有效地探究各个参数的敏感性。

第三，进行参数敏感性分析需要运用适当的统计分析方法来处理实验数据。这包括计算参数变化与模型输出结果之间的相关性、敏感性指标等，以 quantitatively quantify 各个参数对模型输出结果的影响程度。常用的统计分析方法包括相关系数分析、方差分析等。

第四，通过参数敏感性分析的结果，可以识别出对模型输出结果影响较大的关键参数，并进一步优化这些参数的设置。优化参数设置可以通过调整参数取值范围、改进参数设置方法等方式实现，从而提高仿真模型的准确性和可靠性。

（2）优化参数设置

优化参数设置是在参数敏感性分析的基础上，针对仿真模型中的关键参数进行调整和优化，以提高模型的准确性和可靠性。这一过程涉及对模型参数的重新设定、调整和改进，以使仿真模型更好地反映实际系统的特征和行为。以下是一些常见的优化参数设置的方法和技术：

①参数调整和校正

针对参数敏感性分析中发现的影响较大的关键参数，进行适当的调整和校正。

这可能涉及参数值的修改、范围的重新设定，或者是根据实验数据进行参数的重新估计和校正。

②优化算法应用

使用优化算法对模型参数进行优化。常用的优化算法包括遗传算法、粒子群优化、模拟退火等。这些算法可以在给定的参数范围内搜索最优解，从而找到最优的参数组合，以达到模型的最佳性能。

③灵敏度分析

进行灵敏度分析，评估不同参数对模型输出结果的影响程度。通过灵敏度分析可以确定哪些参数对模型的输出结果影响最大，从而有针对性地进行参数优化。

④参数校准和验证

对优化后的参数进行校准和验证，以确保其能够正确地反映实际系统的特征和行为。这可能涉及与实际观测数据的比对，或者是与理论预测结果的对比。

⑤反馈循环优化

建立反馈循环机制，定期对模型参数进行更新和优化。随着实际系统的变化和发展，模型参数可能需要不断地进行调整和优化，以保持模型的准确性和可靠性。

3. 比较仿真结果与实际观测数据

（1）收集实际观测数据

在收集实际观测数据时，需要综合考虑系统的特点、仿真目的，以及数据采集的方法和工具，以确保所获取的数据能够有效地反映实际系统的运行情况和行为。

首先，确定需要采集的数据类型和范围。根据仿真模型的验证目标和需求，确定需要采集的数据类型，可能包括系统的运行状态、性能指标、输入输出参数等。同时，需要考虑数据采集的范围，包括采集的时间段、采样频率等。

其次，选择合适的数据采集方法和工具。数据采集方法可以包括现场观测、传感器监测、实验测试等。根据实际系统的特点和仿真需求，选择适合的数据采集方法和工具，并确保数据采集的准确性和可靠性。

然后，设计数据采集方案和采样计划。在进行数据采集前，需要设计详细的数据采集方案和采样计划，包括确定采集的位置、采集的时间点、采集的频率等。同时，需要考虑数据的存储和处理方式，确保数据采集的有效性和高效性。

接下来，进行实际数据采集操作。根据设计好的数据采集方案和采样计划，进行实际的数据采集操作。在采集过程中，需要注意数据采集的环境和条件，确保数据采集的准确性和完整性。

最后，对采集的数据进行整理和分析。对采集的数据进行整理、清洗和分析，以确保数据的质量和可靠性。根据实际系统的运行情况和行为，对数据进行合理的解释和分析，并与仿真模型的结果进行对比和验证。

（2）对比仿真结果与实际观测数据

对比仿真结果与实际观测数据是验证仿真模型准确性和可靠性的关键步骤。这一过程旨在通过比较模型的输出结果与实际系统的观测数据，评估模型的仿真效果和逼真程度，从而发现可能存在的差异和不足之处，并为进一步改进和优化模型提供指导和依据。

首先，需要准备好仿真模型的输出结果和实际观测数据。仿真模型的输出结果通常通过仿真软件生成，而实际观测数据则是通过现场观测、实验测试或传感器监测等手段获取的系统运行数据。

接着，进行对比分析。将仿真模型的输出结果与实际观测数据进行对比，逐项比较它们的相似性和差异性。可以采用统计方法、图表分析等手段，对比各项指标或变量的数值大小、趋势走向、波动情况等，以全面评估模型的准确性和可靠性。

在对比分析的过程中，需要重点关注模型与实际系统之间存在的差异和偏差，并分析其可能的原因。这包括模型的假设与现实情况的差异、参数设定的准确性、模型的简化和抽象程度等因素。通过深入分析，可以识别出模型的局限性和改进的方向。

最后，根据对比分析的结果，采取相应的措施进行模型改进和优化。这可能包括修正模型的参数设置、调整模型的结构或算法、增加模型的复杂度或精细度等。通过不断改进和优化，逐步提高模型的仿真准确性和可靠性，使其更好地反映实际系统的运行情况和行为。

第二节　虚拟设计在机械设计中的应用

一、虚拟制造技术简介

虚拟制造技术是一种通过计算机进行模拟和虚拟分析的先进制造手段，其核心在于利用计算机技术对产品的设计、生产过程，以及整个生命周期进行模拟和仿真。与传统的机械设计技术相比，虚拟制造技术更加灵活、高效，能够有效地避免传统保守的设计观念和手段，为企业提供更加智能化、精细化的制造解决方案。这一技术的发展对于提高企业生产效率、优化产品设计质量和降低生产成本具有重要意义。

在虚拟制造技术的支持下，企业可以在计算机上进行全面的产品模型设计、性能分析和生产过程仿真。通过对产品的虚拟设计，企业可以在产品进入实际生产之前就对其进行全面的性能评估和优化，发现潜在的设计缺陷和生产问题，并及时进行调整和改进。这种全面的虚拟设计过程不仅能够大幅缩短产品的开发周期，提高产品的设计质量，还能够降低产品的研发成本，从而增强企业的市场竞争力。

虚拟制造技术的应用范围非常广泛，涵盖了产品设计、生产过程仿真、生产管理等多个方面。例如虚拟制造技术可以用于模拟产品的加工过程，优化加工工艺，提高生产效率和质量。同时，它还可以用于产品的装配仿真，帮助企业提前发现装配过程中可能存在的问题，从而减少生产线上的停机时间和人力资源的浪费。此外，虚拟制造技术还可以用于生产计划和资源调度，实现生产过程的智能化管理和优化。

在我国，虚拟制造技术的应用虽然起步较晚，但已经取得了一定的成就。随着我国制造业的转型升级和智能制造的推进，虚拟制造技术将会成为未来制造业发展的重要方向。通过不断提升虚拟制造技术水平，我国制造业将能够更加有效地应对市场竞争和产业发展的挑战，实现高质量发展和可持续发展的目标。

二、虚拟制造技术的核心所在

（一）虚拟制造中的建模技术

虚拟技术的虚拟指的是通过计算机语言将现实生产当中的机械制造流程映射出来，其中涉及很多流程和步骤，主要有模型化、形式化和计算机化等。建模环节涉及三种模型的建立。

1. 生产模型

（1）动态生产模型

动态生产模型是一种描述生产系统随时间变化的模型，它基于系统状态和需求性质的已知信息，对系统未来的运行情况进行全面预测和判断。这种模型能够帮助企业对未来的生产情况做出合理的规划和决策，从而更好地应对市场需求的变化和生产环境的波动。

动态生产模型的建立需要对生产系统的各个方面进行全面的考虑和分析。首先，需要对系统的当前状态进行准确的描述和把握，包括生产资源、设备状态、人力情况等方面的信息。其次，需要对市场需求和供应链状况进行充分了解，以便准确预测未来的订单量和原材料供应情况。最后，需要利用数学模型、仿真技术等手段对系统未来的运行情况进行模拟和预测，从而为决策提供科学依据。

在动态生产模型中，通常会考虑到各种不确定性因素的影响，如市场波动、供应链中断等，以提高模型的预测精度和可靠性。通过建立动态生产模型，企业可以更好地把握市场变化和生产环境的动态变化，及时调整生产计划和资源配置，实现生产的灵活性和高效性。

（2）静态生产模型

静态生产模型是一种描述生产系统能力和特性的模型，它主要考察的是系统在特定条件下的生产能力和性能。与动态生产模型不同，静态生产模型更注重系统的当前状态和固有属性，而不是随时间变化的情况。

静态生产模型的建立通常需要对生产系统的结构和组成进行全面的分析和评估。首先，需要对生产设备、工艺流程、人力资源等进行详细的调查和统计，以确定系统的基本特征和性能指标。其次，需要通过数学模型、统计方法等手段对系统的生产能力进行量化和分析，从而得出系统的生产效率、产能、成本等指标。最后，需要对模型的结果进行验证和评估，以确保其准确性和可靠性。

在静态生产模型中，通常会考虑到生产系统的各种约束条件和限制因素，如设备容量、人力资源限制、原材料供应等，以便更准确地评估系统的生产能力和性能。通过建立静态生产模型，企业可以更好地了解自身生产系统的特点和潜力，为生产计划和资源配置提供科学依据。以汽车制造业为例，动态生产模型可以帮助企业预测未来的订单量和市场需求变化，及时调整生产计划和供应链管理策略，以适应市场的动态变化。而静态生产模型则可以帮助企业评估生产线的产能和效率，优化生产工艺和流程，提高生产效率和产品质量。通过综合应用动态和静态生产模型，企业可以实现生产的高效、灵活和可持续发展。

2. 产品模型

（1）产品外观特征描述

产品的外观特征是指产品在视觉上所呈现出来的各种属性和特点，包括形状、尺寸、颜色、表面质感等方面。在建立产品模型时，需要对产品的外观特征进行详细的描述，以确保模型能够准确地反映实际产品的外观特点。

首先，需要对产品的形状进行描述，包括整体形态和各部分的几何形状。例如产品可能是长方体、圆柱体、球体等形状，或者是由多个几何体组成的复杂形状。其次，需要描述产品的尺寸和比例关系，包括长度、宽度、高度等尺寸参数，以及不同部分之间的比例关系。最后，需要描述产品的颜色和表面质感，包括颜色的种类和分布、表面的光泽度、纹理等方面。

通过对产品外观特征的详细描述，可以确保产品模型的真实性和准确性，为产品设计和制造提供参考依据。

（2）产品参数描述

除了外观特征之外，产品模型还需要对各项参数进行具体描述，以便进一步地分析和计算。产品的参数包括物理参数、性能参数、功能参数等多个方面。

首先，物理参数包括产品的重量、密度、材料属性等方面的参数。这些参数直接影响产品的结构和力学性能，对于产品的设计和制造具有重要意义。其次，性能参数包括产品的强度、硬度、耐磨性等方面的参数。这些参数反映了产品在使用过程中的性能表现，对产品的质量和可靠性有重要影响。最后，功能参数包括产品的功能特点和使用要求，如产品的功率、速度、工作效率等方面的参数。这些参数直接关系到产品的功能和用途，对于产品的设计和应用具有重要意义。

通过对产品参数的详细描述，可以全面了解产品的特点和性能，为产品设计和制造提供科学依据和技术支持。以汽车产品为例，产品外观特征描述包括车身

外形、车窗形状、轮胎尺寸等方面的描述；产品参数描述包括车辆重量、发动机功率、燃油消耗等方面的参数描述。通过对汽车产品的外观特征和参数进行详细描述，可以帮助汽车制造企业更好地了解产品的特点和性能，优化产品设计和制造流程，提高产品质量和市场竞争力。

3. 工艺模型

（1）工艺参数联系

在建立工艺模型时，关键的一步是充分考虑各种工艺参数，并确保这些参数与实际制造系统相联系。工艺参数是指在产品制造过程中影响产品质量和生产效率的各种参数，包括加工参数、工艺流程、设备配置等。

首先，需要考虑加工参数，包括加工速度、切削深度、切削力等参数。这些参数直接影响产品的加工质量和加工效率，对于制造过程的稳定性和可控性至关重要。其次，需要考虑工艺流程，包括产品加工的各个步骤和流程顺序。合理的工艺流程可以提高生产效率、降低成本，并确保产品质量符合要求。最后，需要考虑设备配置，包括生产设备的型号、规格、数量等。正确选择和配置生产设备可以提高生产线的生产能力和灵活性，从而满足不同产品的生产需求。

通过充分考虑和联系各种工艺参数，可以建立起完整的工艺模型，准确地反映实际制造系统的运行情况，为生产过程的优化和改进提供科学依据和技术支持。以汽车制造为例，工艺模型需要考虑诸如车身焊接工艺、涂装工艺、总装工艺等各个环节的工艺参数。比如在车身焊接工艺中，需要考虑焊接速度、焊接温度、焊接压力等参数；在涂装工艺中，需要考虑喷涂速度、涂层厚度、固化时间等参数；在总装工艺中，需要考虑零部件配合精度、装配顺序、工序时间等参数。通过充分考虑和联系各种工艺参数，可以建立起完整的汽车制造工艺模型，指导生产过程的优化和改进，提高汽车制造的效率和质量。

（2）现代工艺模拟技术

现代工艺模拟技术采用计算机仿真和虚拟现实技术，实现对生产过程的模拟和预测。通过建立数字化的工艺模型和生产线模型，可以对生产过程进行全方位、多角度的分析和优化。利用虚拟现实技术，可以实现对工艺流程和设备操作的可视化呈现，帮助生产管理者更直观地了解生产过程，及时发现和解决问题。同时，现代工艺模拟技术还可以实现对生产过程的实时监控和远程控制，提高生产线的自动化程度和智能化水平，从而进一步提高生产效率和产品质量。

（二）虚拟制造中的仿真技术

仿真技术在虚拟制造中扮演着重要的角色，它通过计算机对复杂的机械生产系统进行模型化处理，实现对系统行为的模拟和分析。这种技术的应用使得产品性能参数的分析可以在虚拟状态下进行，从而为实际生产提供了重要参考。仿真技术的应用不仅可以提高生产效率，还能够降低成本，实现资源的最大化利用。

1. 仿真技术优势

仿真技术与实际生产系统相比具有诸多优势。首先，仿真系统与实际系统是相互独立的，它们之间不会相互干扰，因此可以在不影响实际生产的情况下进行模拟和分析。其次，仿真技术可以充分利用计算机的计算能力，大幅缩短了生产过程中的时间成本，有助于提高生产效率。此外，仿真技术还能够帮助企业最大化地减少人力、物力和财力的浪费，实现资源的有效利用。

2. 制造仿真与加工仿真

在虚拟制造中，制造仿真和加工仿真是两个关键的环节。制造仿真主要涉及对整个制造过程的模拟和分析，包括生产设备的配置、工艺流程的优化、生产计划的制定等。通过制造仿真，可以实现对生产过程的全面监控和管理，从而提高生产效率和产品质量。而加工仿真则更加侧重于对加工过程的模拟和优化，包括数控加工、激光加工、3D 打印等各种加工方式的仿真分析。通过加工仿真，可以优化加工参数，提高加工精度，降低生产成本，从而实现对产品生产过程的精细化管理和控制。

（三）虚拟制造中的虚拟现实技术

虚拟现实技术在虚拟制造领域的应用日益广泛，它是一种基于计算机图像系统、显示系统和控制设备的交互式计算机技术，旨在为用户提供沉浸式的体验。通过虚拟现实技术，用户可以在虚拟环境中进行交互，仿佛身临其境，这种技术为虚拟制造提供了全新的体验方式和操作模式。

1. 虚拟现实技术的应用领域

虚拟现实技术在虚拟制造中具有广泛的应用领域。首先，它可以用于产品设计和展示，设计人员可以通过虚拟现实技术在计算机上对产品进行模拟和展示，从而实现对产品设计的优化和改进。其次，虚拟现实技术可以用于工艺规划和生产模拟，生产人员可以通过虚拟现实技术对生产过程进行模拟和分析，提前发现潜在问题，优化生产流程。此外，虚拟现实技术还可以用于培训和教育，通过虚

拟环境的再现，培训人员可以获得更加真实和直观的培训体验，增强培训效果。

2. 虚拟现实技术的发展趋势

随着信息技术的不断进步，虚拟现实技术在虚拟制造中的应用前景十分广阔。未来，虚拟现实技术将更加智能化、交互化，用户可以通过虚拟现实设备实现更加自然和直观的交互体验。同时，随着硬件设备的不断升级，虚拟现实技术的性能和体验也将不断提升，为虚拟制造提供更加强大的支持。另外，随着人工智能、大数据等新技术的发展，虚拟现实技术将与这些技术相结合，实现更加智能和个性化的虚拟体验，为虚拟制造带来更多的可能性。

三、虚拟制造技术在现代机械工程中的应用

（一）具有强大的通用性和功能性

1. 虚拟制造技术的基础与发展

虚拟制造技术的发展是在分析力学和多刚体动力学的基础上逐步形成的。这两门学科为虚拟样机技术的快速发展提供了必要的基础。分析力学通过对物体的运动和力学性质进行研究，为建立机械系统的数学模型提供了理论依据。多刚体动力学则研究多刚体系统的运动规律，为虚拟样机技术的动力学分析提供了支持。

2. 微分方程与约束乘子

在虚拟制造技术中，通常使用带有约束乘子的微分方程来描述机械系统的运动。这些微分方程是基于假设机械系统的自由度为六，并对多余的自由度进行限制而得到的。这种方法保证了虚拟样机技术的通用性和适用性，能够解决复杂情况下的机械系统建模问题。

3. 应用领域的多样性

虚拟制造技术在现代机械工程中具有广泛的应用。它不仅可以用于汽车、航空航天等传统机械制造领域，还可以应用于生物医学工程、纳米技术等新兴领域。这种多样性使得虚拟制造技术成为一个具有强大通用性和功能性的工具。

（二）极大地简化了建模过程

1. 传统建模的挑战

传统的机械系统建模过程需要进行图形分析和公式计算，这是一个繁琐而复杂的过程。特别是在处理复杂系统时，需要花费大量的时间和精力来完成建模工作。而且，由于图形分析和公式计算的复杂性，往往容易出现各种错误，影响建

模的准确性和可靠性。

2. 提升了设计效率

由于虚拟制造技术简化了建模过程，工程师可以更快速地开展设计和分析工作。他们不再需要花费大量的时间来处理图形和计算，而是可以将更多的精力集中在设计的创新和优化上。这提高了设计的效率和质量，有利于加快产品的研发周期和上市速度。

3. 支持多种建模需求

虚拟制造技术不仅适用于机械系统的建模，还可以支持多种不同类型的建模需求。比如在材料科学领域，可以利用虚拟制造技术模拟材料的力学性能和热力学行为；在生物医学工程领域，可以利用虚拟制造技术建立人体器官的仿真模型。这种多样化的应用使得虚拟制造技术成为一个功能强大的工具。

（三）具备高效的数据处理能力

1. 传统数据处理的挑战

传统的数据处理过程通常需要大量的人力和时间，以及高水平的专业知识。工作人员不仅需要对数据进行理性的归纳分析，还需要具备高度的工作素养，以确保数据处理的准确性和可靠性。这种数据处理方式存在着效率低下和易出错的问题。

2. 虚拟制造技术的优势

虚拟制造技术通过利用强大的计算机系统和先进的算法，极大地提高了数据处理的效率和精确度。工作人员可以通过虚拟制造技术直观地观察运动的整个过程，同时对机械系统的性能进行全方位的掌握。这种直观的数据展示和分析方式使得数据处理变得更加高效和可靠。

3. 实时仿真与分析

虚拟制造技术还具备实时仿真和分析的能力，能够在运动过程中对数据进行实时监测和分析。工程师可以通过虚拟制造技术模拟不同工况下的机械系统运行情况，并及时调整设计方案，优化系统性能。这种实时仿真和分析的能力有助于提高工程设计的效率和质量。

4. 支持大数据处理

随着数据量的不断增加，传统的数据处理方法往往面临着处理速度慢、容易

出错等问题。而虚拟制造技术具备强大的数据处理能力，能够支持大规模数据的处理和分析。工作人员可以利用虚拟制造技术对海量数据进行高效的处理，从而快速获取有价值的信息和结论。

四、虚拟装配技术在工艺规划中的应用案例

虚拟装配技术是一种利用计算机仿真技术进行产品装配的方法，通过建立产品的虚拟装配模型，模拟产品的装配过程，评估装配工艺的合理性和效率。利用虚拟装配技术，可以在计算机环境中对产品的装配工艺进行分析和优化，发现并解决装配过程中的问题，提高装配效率和质量。

（一）传统机械装配工艺规程概况

机械装调是机械制造中的后期工作，是形成产品的关键环节，机械装调是依据产品设计规定和精度要求等，将构成产品的零件、成件等结合成组件、部件，直至产品的过程，机械装配工艺是根据产品结构、制造精度、生产批量、生产条件和经济情况等因素，将这一过程具体化。机械装配工艺必须保证生产质量稳定、技术先进和经济合理。机械制造工艺是机械制造的重要组成部分。

我们一直沿用的机械装调工艺方案的选择主要依据：产品整体结构、零件大小、制造精度和生产批量等因素，我们依此来选择装配工艺的方法、装配的组织形式，装配过程主要为钳工通过手工的测量、刮削等来完成的，这样能做到在装配过程中及时对零部件进行修配以保证装配任务的完成，但是也存在不足。

1. 装配过程中存在的问题

（1）零件加工完成后的装配挑战

传统机械装配工艺规程通常要求在所有零件都加工完成后才进行装配，这导致了一些问题的出现。首先，由于装配过程中涉及的零件较多，一些必要的隐含装配尺寸问题往往很难及时发现。这可能导致装配过程中出现尺寸不匹配、间隙过大或过小等问题，严重影响了装配的效率和质量。其次，一旦发现装配问题，往往需要进行重复的拆装操作，费时费力，且问题难以定位，增加了装配过程的复杂性和不确定性。

（2）体现并行设计思想的挑战

传统机械装配工艺规程往往不能很好地体现并行设计的思想。由于装配通常在零件加工完成后进行，设计师往往需要等待所有零件的加工完成才能开始装配

设计。这导致了设计和装配工作的串行化，不能充分发挥团队成员的协作效应，降低了设计和装配的效率。

（3）多次试装配带来的挑战

在传统机械装配工艺过程中，由于装配过程中存在较多的不确定因素，往往需要进行多次试装配才能最终确定最佳的装配方案。这导致了装配周期的延长和成本的增加。同时，由于每次试装配都可能需要对设计进行反复修改，增加了设计和装配过程中的不确定性，不利于满足当前敏捷制造的需要。

2. 优化传统机械装配工艺的思路

（1）采用模块化设计和装配

为了解决传统机械装配工艺中存在的问题，可以采用模块化设计和装配的思路。将机械产品划分为多个功能模块，并在设计阶段就开始进行模块间的协同设计和装配分析。这样可以将装配过程中的问题局限在模块内部，减少了装配过程中的不确定性，提高了装配效率和质量。

（2）采用虚拟装配技术

利用虚拟装配技术可以在零件加工完成之前就进行装配仿真和分析。设计师可以通过虚拟装配软件模拟整个装配过程，及时发现装配中存在的问题，并进行相应的调整和优化。这样可以减少装配过程中的重复拆装操作，提高装配效率，降低成本。

（3）采用快速原型制造技术

快速原型制造技术可以快速制造出产品的实物样品，用于进行实际装配测试和验证。设计师可以通过快速原型制造技术制造出各种不同版本的零件和装配体，进行多次试装配，并及时进行调整和优化。这有助于缩短装配周期，降低成本，满足当前敏捷制造的需要。

（二）虚拟装配技术主要优点

1. 实物产品的数字化再现

（1）数字化产品模型的生成

虚拟装配技术通过对实物产品的数字化再现，可以生成高度精确的产品数字模型。这些数字模型包括了产品的各个零部件以及它们之间的装配关系，能够准确地反映出产品的结构和功能特性。这种数字化产品模型为后续的设计、分析和优化提供了可靠的基础。

（2）实时可视化

虚拟装配技术能够实现对产品数字模型的实时可视化，使设计师能够直观地观察产品的装配过程和各个零部件之间的关系。这种实时可视化的功能有助于设计师及时发现问题，并进行相应的调整和优化，提高了设计的效率和质量。

（3）便于修改和优化

由于虚拟装配技术生成的是数字模型，因此可以随时对模型进行修改和优化。设计师可以通过虚拟装配软件对产品的零部件和结构进行调整和优化，快速反馈设计结果，降低了设计的成本和风险。

2. 冲突检测与解决

（1）静态空间位置干涉检查

虚拟装配技术可以对产品的各个级别的装配体的零部件进行技术上的干涉检查。这包括了对零部件在装配体中的静态空间位置的相交性进行检查，能够及时发现装配过程中可能存在的零部件干涉和碰撞问题。

（2）集合干涉检测

除了静态空间位置的干涉检查，虚拟装配技术还可以对零部件在构成产品的装配过程中在空间上的集合干涉进行检查。这能够有效地避免在实际生产中出现零部件装配时的冲突和干涉问题，保障了产品的装配质量和可靠性。

（3）快速解决冲突问题

一旦发现装配过程中存在的冲突问题，虚拟装配技术可以快速提供解决方案。设计师可以通过软件工具对冲突进行分析，并进行相应的调整和优化，以确保产品的装配过程顺利进行，提高了装配效率和质量。

3. 装配过程优化与成本降低

（1）生成优化的装配序列和路径

虚拟装配技术在产品建模和冲突检测的过程中，可以生成优化的装配序列和路径。这些装配序列和路径能够有效地减少实际生产中的装配时间，提高了装配效率和生产效率。

（2）快速验证设计方案

通过虚拟装配技术，设计师可以对不同的设计方案进行快速验证和比较。他们可以通过模拟装配过程，评估不同方案的装配性能和可行性，从而选择最优的设计方案，降低了设计和生产成本。

（3）缩短产品开发周期

虚拟装配技术可以帮助设计团队在计算机虚拟环境中完成产品的开发设计过程。通过对虚拟零部件和装配过程进行分析、评价和修改，可以大幅缩短新产品的开发设计周期，降低了开发设计成本和生产成本。

（二）产品虚拟装配技术在装调工艺中应用的必要性

1. 生产现场对工艺规程的需求

在生产现场，操作者根据装配工艺的要求进行操作，他们对工艺文件的理解以及工艺内容的掌握程度将直接影响装配质量和装配效率。目前，装配工艺一般是以文字叙述为主，以说明图（设计二维图样）为辅的工艺表述形式，有些复杂的装配图示不直观，容易造成操作者理解上的偏差，且理解和掌握起来需要花费较多的时间和精力。而利用计算机仿真和虚拟装配技术，将装配工艺以来三维爆炸视图展现出来，并在爆炸图上进行文字说明，使得工艺文件能够以一种直观、细致的方式对装配工艺进行描述，从而达到提高效率的目的，以满足快节奏的生产需要。

2. 工艺人员完成高质量装配工艺的需要

进行产品的虚拟装配，已经成为工艺技术人员全面解读设计意图，梳理装配路线，选择高效可行的工艺方法的需求，并且能够很好地进行工艺路线、工艺方法的可行性验证。随着光电产品型号的不断增多，产品研发生产周期的压缩，单纯的二维设计图样已经不能满足工艺工作的需要，由于产品研发段模型与最终设计图样的偏差，这就需要：工艺人员认真审核图样、模型，确认最终的零件模型；对部分成件重新建模；对电路板的主要特征进行建模，对根据零部件、成件等的约束关系、装配层次和零部件在虚拟空间的位置和姿态关系来对各零件进行装配并生成装配模型。

3. 科研产品“并行设计模式”的实现

虚拟装配技术对于科研产品优化设计、产品性能完善，减少开发过程产品反复，提高产品质量等有着重要意义。结合公司现行生产模式，生产部门单纯依据设计CAD二维图样进行加工、装配，很难全面把握产品，工艺人员进行重新建模，核对、确认（过程中与设计协调）零件最终技术状态；但是单纯依据设计装配图样，很难核对组件装配是否干涉，以及组件是否满足设计功能要求。

（三）虚拟装配技术在机械装调工艺中的实际应用

在此我们结合生产实例，以及近年来工程技术室虚拟装配在机械装调工艺中的应用经验积淀，来说明虚拟装配技术在机械装调工艺中的实际应用的几个要点，以及应用方法。

1. 装配建模

第一，零件模型的建立是装配建模过程中的第一步。建立零件模型的准确性直接关系到后续零件加工工艺的编制和虚拟装配的正确性。根据设计图样，设计师需要准确地建立每个零件的数字模型。在建模过程中，应注意保持零件的几何形状和尺寸的准确性，以确保最终装配的精度和稳定性。

第二，成件模型的建立需要综合考虑资料查询和实物测绘两个方面。一方面，设计师可以通过资料查询获取有关成件的详细信息，如尺寸、材料和加工工艺等。另一方面，设计师还需要根据实物进行实测实绘，以获取更加准确的成件信息。对于复杂的成件，设计师应重点表述与装配相关的关键特征，确保成件模型与装配的紧密配合。

第三，电路板模型的建立需要综合考虑设计图样和装配位置。根据设计图样，设计师可以绘制电路板的主要结构和元件位置。同时，设计师还需要考虑可能发生装配干涉的器件，并在模型中进行详尽的表述。例如某型号的俯仰电机组件，设计师需要建立包括左侧端盖、俯仰电机法兰、左轴等零件模型，并结合实物测绘建立组件模型。在电路板模型的建立过程中，设计师还需特别关注接插件位置和器件安装方式，以确保电路板的正常功能和稳定性。

2. 组件虚拟装配，组件配套检查，以及干涉性、功能性检查

在虚拟装配过程中，对组件进行配套检查和干涉性、功能性检查是至关重要的。通过按照约束关系逐个组装零件、成件和标准件，并在装配过程中实施合适的约束定位，可以确保装配的准确性和稳定性。在完成模型虚拟装配后，对组件进行运动方式的模拟，并结合软件自身的透视、剖视功能，能够有效地观察和分析组件是否存在装配干涉，并对功能性进行全面的评估。

首先，在进行组件的虚拟装配时，需要严格按照装配图和约束关系逐步组装零件、成件和标准件。在插入首个零件时，应首先判断后续大致视图方向，并通过基准面约束调整首个零件的位置，以确保后续装配的顺利进行。随后，逐个进行约束定位装配，确保每个零件都能够准确地定位和连接，避免装配过程中出现

不必要的干涉或误差。

在完成组件的虚拟装配后，需要进行干涉性和功能性检查，以确保装配的质量和性能。首先，通过模拟组件的运动方式，结合软件自身的透视和剖视功能，对组件进行全方位的观察和分析。特别关注组件间是否存在干涉，如零部件之间的碰撞或交叉等情况，及时发现并解决这些问题，以保证装配的顺利进行。

针对包含轴承、电机等部件的组件，在干涉性检查的基础上，还需要对功能性进行深入评估。例如需要分析轴承是否能够有效地压紧，以确保装配后的结构稳固可靠；同时，需要检查电机的安装位置是否合适，确保碳刷等关键部件的位置和安装方式正确，以避免在使用过程中出现损坏或故障。

在进行干涉性和功能性检查时，应注重全面性和细致性，充分考虑组件间的各种因素和情况。通过对组件的综合评估，可以及时发现和解决装配过程中可能存在的问题，确保最终产品的质量和性能达到设计要求。

3. 组件爆炸视图在工艺中应用

（1）生成组件爆炸视图

生成组件爆炸视图是在对组件结构进行充分分析的基础上，按照装配的逆顺序，将组件的各个部件逐步分离，以展示其内部结构和组成关系。这一过程不仅需要考虑装配顺序，还需要考虑到如何最大程度地避免零部件的损坏和保证装配过程的高效性。以“俯仰电机组件”为例，进行装配路线规划，我们需要综合考虑多个因素，确保装配过程顺利进行并最终实现产品的功能和性能。

首先，在装配路线规划的过程中，我们需要考虑如何避免电机碳刷的损伤。电机碳刷是电机的重要组成部分，其损坏可能导致电机性能下降甚至故障。因此，在装配过程中，需要特别注意对碳刷的保护，避免碳刷在装配过程中受到损坏。

其次，我们需要保证轴承启动力矩与调试时的一致性。轴承是电机运转过程中的重要支撑部件，其启动力矩的调整直接影响到电机的性能和稳定性。因此，在装配过程中，需要对轴承进行精确调整，确保其启动力矩与调试时的一致性，以保证电机的正常运转。

然后，我们需要考虑装配过程的高效性。在装配路线规划中，我们应该合理安排装配顺序，尽可能减少装配步骤，提高装配效率。例如可以先进行装配准备工作，如清洗零部件，然后再进行轴承的游隙调整和电机定子的压装，以确保装配过程的顺利进行。

接下来，根据装配路线规划，我们确定了“俯仰电机组件”的具体装配步骤。首先是成对轴承的游隙调整，然后是电机定子的压装，接着是电机转子组合装配，包括电机转子、成对轴承和左轴承外压圈。随后是电机的整体组装，包括在转子定子之间均匀垫上青稞纸。最后是左侧端盖的安装和碳刷的安装，最终完成电机的组装。通过这样的装配路线规划，我们可以确保装配过程的顺利进行，并最终实现产品的功能和性能。

（2）三维爆炸视图的二维 CAD 转换

我们在应用 CAPP 信息化系统编制工艺文件时，为了工艺附图的可编辑，以及便于标记图示说明，需要将三维爆炸视图进行二维 CAD 文件转换。操作步骤为，首先利用 SolidWorks2008 中“从装配体到工程图”的命令，生成该装配体的平面视图，选择“模型视图”，选择装配图，然后选择“当前模型视图”，就可以生成模型当前爆炸视图的平面图，当然我们还可以生成一些剖视图，就更为明确地表述了组件的装配状态，然后将文件另存为 DWG 文件，就完成了三维爆炸视图的二维 CAD 转换。

（3）二维爆炸视图用于 CAPP 工艺文件

将二维爆炸视图应用于 CAPP 工艺文件中，是指编制的机械装调工艺文件，利用二维爆炸视图作为工艺附图，使得工艺文件能够以一种直观、细致的方式对装配工艺进行描述。利用 CAPP 自身的“新建 DWG 工艺附图”功能，在 CAD 中粘贴爆炸视图，调整视图绘制比例，使得图形居中，然后补齐中心线等参照线，然后应用 CAD 引线功能进行爆炸视图的标注说明，完成工艺附图编辑。

4. 组件装配动画的生成与培训

随着产品的复杂性和工艺要求的不断提高，针对性地装配培训变得愈发重要。在进行装配前，操作者需要通过培训明确组件装配的注意点和高效的装配方法，以便能够更方便地掌握要点并高效地完成产品装配任务。将虚拟装配过程动画作为培训教材，能够更形象地展示装配过程，帮助操作者更好地理解装配流程和技巧，提高其装配技能和效率。

第一，虚拟装配过程动画的生成需要充分考虑产品的结构和装配流程。在制作动画时，应根据产品的具体结构和装配顺序，将各个零部件逐步组装，并注重展示装配的关键步骤和技巧。通过动画形式，可以直观地展示每个零部件的位置和功能，帮助操作者更清晰地理解装配过程。

第二，虚拟装配过程动画可以帮助操作者更好地理解装配注意点和技巧。在动画中，可以重点展示一些装配过程中容易出现问题的地方，以及如何避免或解决这些问题。通过示范正确的装配方法和技巧，操作者能够更加自信地完成装配任务，并且能够在实际操作中更加熟练地应对各种情况。

第三，虚拟装配过程动画还可以提供便捷的培训方式。操作者可以通过观看动画，随时随地进行学习，不受时间和地点的限制。此外，动画形式生动直观，更容易引起操作者的兴趣和注意，提高学习的效果和效率。操作者可以根据自己的学习进度和需要，反复观看动画，加深对装配流程和技巧的理解和掌握。

第六章　新材料在机械设计中的应用

第一节　新材料的特点与分类

一、新材料的定义和分类

新材料是指具有与传统材料相比更优异性能、更广泛应用前景的材料。它们通常具有结构新颖、性能优异、功能多样等特点。根据其组成、结构和性能特点，新材料可以被分为多种类型。

（一）金属基复合材料

1. 纤维增强金属基复合材料（FRMMCs）

纤维增强金属基复合材料（FRMMCs）是一类由金属基体和纤维增强相组成的复合材料。在这种复合材料中，金属基体提供了整体结构的支撑和连接，而纤维增强剂则起到了增强作用，提高了复合材料的强度和刚度。常见的纤维增强相包括碳纤维、玻璃纤维、陶瓷纤维等。

这类复合材料具有多种优异的性能，其中包括高强度、高刚度、优良的导热性和导电性等。这些性能使得纤维增强金属基复合材料在工程结构中得到了广泛的应用。例如在航空航天领域，这种复合材料被广泛应用于制造飞机的结构件和发动机的零部件。通过采用纤维增强金属基复合材料，飞机的整体性能得以提高，同时也能够实现飞机重量的降低，从而提高燃油效率和飞行性能。

除了航空航天领域外，纤维增强金属基复合材料还在其他工程领域得到了广泛应用。例如在汽车制造领域，这种复合材料被用于制造汽车的车身结构和底盘部件，以提高车辆的整体性能和安全性。在船舶工业领域，纤维增强金属基复合材料也被用于制造船舶的结构件和舱室部件，以提高船舶的耐久性和耐腐蚀性。

2. 颗粒增强金属基复合材料（PRMMCs）

颗粒增强金属基复合材料是一类由金属基体和颗粒状增强相组成的复合材料。在这种复合材料中，金属基体起到支撑和连接的作用，而颗粒状增强相则通过分散在金属基体中的颗粒来增强材料的性能。常见的颗粒状增强相包括碳化硅颗粒、氧化铝颗粒等。

这类复合材料具有多种优异的性能，其中包括优异的耐磨性和高温性能。颗粒增强金属基复合材料适用于高温高压工作环境下的部件制造，如汽车发动机、航空发动机等。由于颗粒增强相的加入，这种复合材料能够有效地增强金属基体的抗磨损性能和抗高温性能，提高了材料的耐久性和可靠性。

除了在发动机等高温高压工作环境下的部件制造中应用外，颗粒增强金属基复合材料还可以应用于制造摩擦材料、轴承、导轨等零部件。在这些应用中，复合材料的优异耐磨性和耐腐蚀性能够有效地提高零部件的使用寿命和性能稳定性。例如将颗粒增强金属基复合材料应用于摩擦材料的制造中，能够有效地提高摩擦材料的耐磨性，延长摩擦材料的使用寿命，减少设备的维护成本。

（二）高分子复合材料

1. 碳纤维增强复合材料（CFRP）

碳纤维增强复合材料（CFRP）是一种由碳纤维和树脂基体组成的复合材料。碳纤维作为增强相，与树脂基体相结合，形成了一种具有优异性能的复合材料。CFRP 具有优异的强度和刚度，同时还具有轻量化、耐腐蚀和抗疲劳等特点，因此在多个领域得到广泛应用。

在航空航天领域，CFRP 被广泛应用于制造飞机机身、机翼、尾翼等结构件。由于碳纤维具有极高的强度和刚度，以及优异的耐疲劳性能，CFRP 可以有效减轻飞机的重量，提高飞机的燃油效率和飞行性能。同时，CFRP 的耐腐蚀性能也使其能够在恶劣的航空环境中长期稳定地工作。

在汽车制造领域，CFRP 也得到了广泛应用。它被用于制造汽车的车身、车顶、车门等部件，以实现汽车的轻量化和强度增强。通过采用 CFRP 材料，汽车的整体质量可以得到有效控制，提高车辆的燃油效率和行驶性能，同时还能够提升车辆的安全性和稳定性。

除了航空航天和汽车制造领域外，CFRP 还在体育器材制造、建筑工程、船舶制造等领域得到了广泛应用。例如在体育器材制造中，CFRP 被用于制造高端

的运动器材，如高尔夫球杆、自行车车架等，以提高器材的强度和性能。在建筑工程领域，CFRP被用于加固和修复混凝土结构，提高建筑物的抗震性能和耐久性。

2. 玻璃纤维增强复合材料（GFRP）

玻璃纤维增强复合材料（GFRP）是一种由玻璃纤维和树脂基体组成的复合材料。玻璃纤维作为增强相，与树脂基体相结合，形成了一种具有良好性能的复合材料。GFRP具有良好的抗拉强度和抗压强度，同时还具有耐磨、耐腐蚀、绝缘等特点，在多个领域得到广泛应用。

在建筑领域，GFRP被广泛应用于制造建筑外墙、屋顶等结构件。由于其优异的性能，GFRP能够提高建筑物的耐久性和安全性。相比于传统的建筑材料，如钢铁和混凝土，GFRP具有更轻、更坚固、更耐用的特点，能够有效地减轻建筑物的自重，降低建筑结构的负荷，延长建筑物的使用寿命。

除了建筑领域外，GFRP还在船舶制造、风能等领域得到广泛应用。在船舶制造领域，GFRP被用于制造船体、船甲板等部件，以提高船舶的耐腐蚀性和耐久性。与传统的金属材料相比，GFRP具有更好的耐海水腐蚀性能和更轻的重量，能够降低船舶的燃油消耗，提高船舶的航行效率。

在风能领域，GFRP被广泛应用于制造风力发电机叶片。由于其轻量化和良好的强度特性，GFRP能够有效地提高风力发电机叶片的性能，增加其承受风压的能力，提高发电效率。与传统的金属材料相比，GFRP具有更好的抗疲劳性能和更长的使用寿命，能够降低风力发电机的运行成本。

（三）纳米材料

1. 纳米颗粒

纳米颗粒是具有纳米级粒径的颗粒结构，在医药、化工和材料科学等领域具有重要应用。这些颗粒由于其小尺寸和高比表面积，具有较大的表面能和化学反应活性。在医药领域，纳米金颗粒常被用作生物标记物和药物传递的载体，其高表面积和生物相容性使其成为有效的药物输送平台。此外，纳米氧化锌等颗粒被广泛应用于制备防晒霜和抗菌剂，其抗紫外线和抗微生物活性能力增强了这些产品的效果。

2. 纳米管

纳米管是一种空心的管状结构，具有优异的力学性能和导电性能。碳纳米管是其中最具代表性的一种，其在纳米电子器件、催化剂和生物传感器等领域得到了广泛应用。在电子学领域，碳纳米管被用于制备场发射显示器、柔性传感器等器件，其高导电性和机械强度使其成为制备微小电子元件的理想材料。此外，碳纳米管还被应用于能量存储领域，如制备超级电容器和锂离子电池，以提高电池的能量密度和充放电速率。

3. 纳米片

纳米片是具有纳米级厚度和微米级长度和宽度的片状结构，在光电子器件、磁性材料和传感器等领域具有重要应用。例如二维过渡金属硫化物纳米片因其优异的光学和电学性能，被广泛用于制备柔性电子器件和光电探测器。这些纳米片具有高电子迁移率和光电转换效率，可应用于制备柔性太阳能电池、光电晶体管等光电子器件，并在电子皮肤、智能纺织品等领域展现出广阔的应用前景。

二、新材料的特性与应用领域

新材料具有多种特性，包括高强度、轻质化、耐磨性、耐腐蚀性、导电性、导热性等。这些特性使得新材料在多个领域都有广泛应用。

（一）航空航天领域

1. 碳纤维复合材料

碳纤维复合材料（CFRP）因其独特的物理和化学特性，在航空航天领域扮演着重要角色。其轻质化、高强度和高刚度等特性使其成为航空工业中的理想选择。在飞机制造领域，CFRP 被广泛应用于制造飞机的各个关键部件，如机身、翼面、垂直尾翼等。

第一，CFRP 在飞机结构中的应用，主要得益于其轻质化特性。相比于传统的金属材料，CFRP 的密度更低，但其强度却更高，这使得飞机结构在承受相同载荷的情况下可以减轻重量。这种轻量化设计不仅可以降低飞机的燃油消耗，提高航程和飞行效率，还可以减少对发动机和其他机械部件的负荷，延长其使用寿命。

第二，CFRP 的高强度和高刚度也为飞机的结构设计提供了更大的自由度。这种材料的优异性能使得设计师能够更灵活地选择飞机的形状和结构，从而实现更优化的气动外形和结构布局。例如可以采用更薄的翼面和机身设计，减少气动阻力，提高飞行性能和机动性。

第三，CFRP 还具有优异的疲劳寿命和耐腐蚀性能，使得飞机在复杂多变的

飞行环境下依然能够保持稳定的性能。其耐久性和可靠性为航空器的安全运行提供了有力的保障。

然而，尽管CFRP在航空航天领域具有诸多优点，但也面临着一些挑战。其中，制造工艺的复杂性是一个主要问题。CFRP的生产过程需要严格控制各种工艺参数，如温度、压力和树脂固化时间等，以确保制造出具有一致性和高质量的复合材料。此外，CFRP的高成本也是制约其广泛应用的因素之一，尤其是在大规模生产方面仍面临一定的挑战。

2. 金属基复合材料

金属基复合材料在航空航天领域的应用是为了满足极端工作环境下的高强度、耐热、耐腐蚀等要求。其中，镍基高温合金复合材料是一种重要的材料类型，在航空发动机等高温部件的制造中发挥着重要作用。

第一，镍基高温合金复合材料具有优异的耐热性，能够在极端高温环境下保持稳定的性能。在航空发动机等工作温度较高的部件中，传统的金属材料往往难以满足要求，而镍基高温合金复合材料则能够承受更高的温度和压力，保持结构的完整性和稳定性。这使得航空发动机能够在极端条件下可靠运行，保证飞机的安全性和性能稳定性。

第二，镍基高温合金复合材料还具有良好的耐腐蚀性能。航空发动机在工作过程中，会受到高温高压气流的侵蚀，以及各种化学物质的腐蚀，因此对材料的耐腐蚀性能提出了严格要求。镍基高温合金复合材料通过优化合金配方和复合工艺，能够有效抵御各种腐蚀介质的侵蚀，保证发动机部件的长期稳定运行。

第三，镍基高温合金复合材料还具有良好的机械性能，如高强度、高刚度等。这使得航空发动机的高温部件能够承受较大的载荷和振动，保持结构的稳定性和可靠性。同时，复合材料的轻质化特性也有助于减轻发动机的重量，提高飞机的燃油效率和飞行性能。

然而，镍基高温合金复合材料的制造工艺和成本仍然是一个挑战。复合材料的制备过程需要严格控制各种工艺参数，以确保复合材料的质量和稳定性。同时，复合材料的成本相对较高，需要投入大量的人力、物力和财力，限制了其在航空航天领域的广泛应用。因此，未来的研究方向之一是进一步优化镍基高温合金复合材料的制造工艺，降低成本，提高生产效率，推动其在航空航天领域的更广泛应用。

（二）汽车制造领域

1. 高强度钢

高强度钢是一类具有优异力学性能的钢材，其在汽车制造领域发挥着重要作用。汽车制造对材料的要求越来越高，特别是在安全性、轻量化和节能环保方面，高强度钢因其出色的强度和韧性特性而备受青睐。

一方面，高强度钢的广泛应用体现在汽车的车身结构件上。车身结构是汽车的主要承载结构，对车辆的安全性和稳定性有着至关重要的影响。采用高强度钢制造车身结构件能够有效提高车辆的抗冲击性和耐久性，从而保障车辆在碰撞事故中的安全性。高强度钢的优异强度可以使车身在受到外力冲击时保持较好的形变能力，同时具备较高的吸能能力，有助于减轻碰撞对车辆乘员的伤害。

另一方面，高强度钢在汽车底盘部件的应用也是非常普遍的。底盘是汽车的重要组成部分，承担着支撑车身、传递动力、减震减振等重要功能。采用高强度钢制造底盘部件能够有效提高车辆的整体刚性和稳定性，增加车辆的操控性和行驶稳定性。此外，高强度钢的轻量化特性也有助于降低车辆的整体重量，提高燃油效率，减少能源消耗和环境污染。

2. 镁合金

镁合金作为一种重要的结构材料，在汽车制造领域具有广泛的应用前景。其密度低、强度高等特性使得镁合金成为汽车轻量化的理想选择，有望在未来汽车工业中发挥更加重要的作用。

第一，镁合金在汽车发动机方面的应用备受瞩目。作为汽车的心脏部件，发动机的重量和性能直接影响着整车的动力性和燃油经济性。镁合金具有密度低、强度高的特性，能够有效减轻发动机的重量，提高汽车的功率密度和燃油效率。因此，在发动机的缸体、缸盖等关键部件中采用镁合金材料，能够有效提升发动机的整体性能，降低燃油消耗。

第二，镁合金在汽车传动系统方面也有着重要的应用。传动系统作为汽车动力传递的核心部件，其重量和效率直接影响着车辆的动力性和行驶质量。采用镁合金制造传动系统的外壳、齿轮等关键零部件，能够有效减轻传动系统的整体质量，提高传动效率和行驶稳定性，从而增强车辆的操控性和驾驶舒适性。

第三，镁合金还在汽车底盘部件中发挥着重要作用。底盘部件是汽车的支撑结构，直接承受着整车的重量和外部冲击力。采用镁合金制造底盘部件，如悬挂

系统、转向系统等，可以有效减轻车辆整体重量，提高车辆的操控性和通过性，增强车辆在高速行驶和复杂路况下的稳定性和安全性。

第二节　新材料在机械设计中的应用案例与技术挑战

一、高性能复合材料在航空航天领域的应用案例

（一）高性能复合材料在航空航天领域的应用案例

航空航天领域对材料的要求极为严格，要求材料具有轻量化、高强度、高刚度、耐腐蚀等特性，以满足飞行器在极端环境下的需求。高性能复合材料作为一种重要的新材料，在航空航天领域有着广泛的应用。

以碳纤维复合材料为例，其在航空航天领域的应用案例包括飞机机身、翼面、垂直尾翼、舵面等部件。碳纤维复合材料具有密度低、强度高、刚度大、疲劳寿命长等优点，能够有效减轻飞机结构重量，提高燃油效率，增强飞机的飞行性能和抗风险能力。例如波音 787 Dreamliner 和空客 A350 XWB 等现代民用飞机采用了大量的碳纤维复合材料，使得整个飞机的结构更轻更坚固，飞行性能更加优越。

在航天领域，高性能复合材料也得到了广泛应用。例如航天飞行器的外部保护热屏蔽层和结构部件往往采用碳纤维复合材料，因其具有优异的耐高温性能和抗氧化性能，能够有效保护航天器在进入大气层时受到高温气流的侵蚀，确保航天器的安全运行。

（二）高性能复合材料在航空航天领域的技术挑战

尽管高性能复合材料在航空航天领域具有诸多优点，但其在应用过程中仍面临着一些技术挑战。首先，复合材料的制造工艺复杂，需要控制好各种工艺参数，确保制造出高质量的复合材料。其次，复合材料的设计和评估方法尚未完全成熟，需要进一步发展和完善。此外，复合材料的长期耐久性和维修保养等方面也需要进一步研究和改进。

在复合材料的制造过程中，需要克服复合材料的纤维和基体之间的结合问题，以及材料的成型、固化和后续加工等工艺中的难题。此外，复合材料的质量控制也是一个重要的挑战，需要建立完善的质量管理体系，确保每一批复合材料的质量稳定可靠。

在复合材料的设计和评估方面，需要建立全面的材料性能数据库，以支持材料的设计和优化。同时，还需要开发可靠的仿真和测试方法，对复合材料的性能进行准确预测和评估。

在复合材料的长期耐久性和维修保养方面，需要开展系统的研究，探索复合材料在不同环境下的性能变化规律，以及相应的维修保养方法和技术。此外，还需要开发新型的复合材料维修材料和技术，以延长复合材料的使用寿命，降低维修成本。

二、先进材料在建筑工程领域中的应用案例

在建筑工程领域，机械设备是必不可少的重要生产要素之一。由于使用环境恶劣、使用时间长及使用频率高，对机械设备的质量提出了更高的要求。机械设计中材料的选择和应用直接关系到机械设备的质量，材料是制造机械设备的物质基础，不仅占机械设备制造成本的大部分，而且对机械设备的质量影响非常大。这表明在机械设计中正确的材料选择和应用已成为影响机械设计结果的最大因素。

（一）机械设计中材料的选择和应用的重要性

在现阶段，我国的制造业已成为世界第一，工业化发展的速度非常快，而在各个产业发展的过程中，对机械设备的利用率越来越高。尤其是作为我国支柱产业之一的建筑工程产业，机械设备是其核心生产要素之一。这样的背景下，我国的机械设计水平进展非常快，而在机械设计中材料的选择和应用直接决定了机械设备的制造质量。

第一，材料的选择和应用直接影响着机械设备的制造质量。科学合理地选择和应用机械材料可以大大提高设备的利用率和质量。不同的材料具有不同的特性和性能，选择合适的材料可以有效地满足机械设备的设计要求，提高其稳定性、耐久性和可靠性。

第二，材料的选择和应用也直接关系到机械设备的性能和成本。合适的材料可以在不影响设备性能的前提下降低制造成本，提高生产效率。因此，在选择材料时需要综合考虑材料的价格、可加工性、耐久性等因素，确保选择的材料能够达到性价比最优化的效果。

第三，材料的选择和应用还必须考虑到其对环境和资源的影响。随着全球环

境问题的日益突出，选择环保、可循环利用的材料已成为一种趋势。因此，在机械设计中，需要优先考虑那些对环境影响较小、资源消耗较少的材料，以实现可持续发展的目标。

（二）工程机械设计中常用的材料

1. 金属材料

在建筑工程机械设计中选择使用的材料中，最为常见的材料是金属材料，而金属材料中最为常用的是钢材料和铁材料，使用这两种材料的原因主要是因为钢和铁具有相对较高的强度和韧性，并且价格便宜并且资源较为丰富。此外，可以通过在钢和铁中适当添加其他金属制造合金来满足机械设计的要求。金属材料是目前建筑工程机械设计中的主要材料。

第一，钢材和铁材具有较高的强度和韧性，这使得它们在建筑工程机械中能够承受复杂的力学载荷和环境压力。无论是用于制造机械的结构框架、支撑构件，还是机械零部件，都需要具备足够的强度和韧性来保证机械的稳定性和可靠性。

第二，钢材和铁材价格相对较低，资源相对丰富，这使得它们成为建筑工程机械设计中的首选材料之一。低成本的优势不仅可以降低制造成本，提高生产效率，还能够降低机械设备的购买成本，从而促进建筑工程机械的普及和应用。

第三，钢材和铁材具有良好的加工性能，可以通过各种加工工艺（如铸造、锻造、焊接等）制造出各种复杂形状和结构的零部件，满足不同机械设计需求。同时，钢材和铁材还可以通过热处理、表面处理等工艺手段改善其性能，提高其耐腐蚀性、耐磨性等特性。

第四，钢材和铁材可以通过合金化等方法进行改性，制备出各种特殊性能的金属材料，如不锈钢、合金钢等，以满足不同机械设计对材料性能的要求。这些特殊金属材料在建筑工程机械设计中有着广泛的应用，能够有效提升机械设备的性能和使用寿命。

2. 高分子材料

随着我国科学技术的发展，高分子材料逐渐出现在人们的生产和生活中，由于高分子材料有非常多的独特性质和优势，因此在工程机械设计中应用越来越广泛。最常用的高分子材料是我们生活中随处可见的塑料和合成纤维等。高分子材料的延展性非常好，且来源广泛、生产规模大、生产成本低，因此得以在各行各业中广泛应用。但是高分子材料具有不易分解的问题，在近年造成了严重的环境问题，因此提高其环保性是未来的主要研究趋势之一。

第一，高分子材料具有良好的延展性和可塑性，这使得它们可以通过各种成型工艺制造出各种形状和结构的零部件，满足不同机械设计的需求。例如在汽车制造领域，高分子材料被广泛应用于制造车身外壳、内饰件、密封件等部件，其轻质化、成型性和耐腐蚀性等特点能够有效提升汽车的性能和使用寿命。

第二，高分子材料具有丰富的来源和广泛的应用领域。塑料、合成纤维等常见的高分子材料具有生产成本低、规模大等优势，可以在建筑、电子、医疗、包装等领域广泛应用。在工程机械设计中，高分子材料的应用范围也十分广泛，例如在制造传动系统零件、密封件、橡胶软管等方面，都有着重要的应用价值。

然而，高分子材料也存在着一些问题，最突出的是其不易分解的特性导致了严重的环境污染问题。塑料制品的大量使用导致了塑料垃圾的增加，对环境造成了严重的影响。因此，提高高分子材料的环保性成为未来工程机械设计中的重要研究方向之一。通过开发可降解的高分子材料、提高回收利用率、加强环境监管等措施，可以有效解决高分子材料所带来的环境问题，推动工程机械设计向更加环保可持续的方向发展。

3. 复合材料

复合材料是将两种或者多种材料通过一定方式组合成的新型材料。复合材料一般情况下兼具其组成材料的优点，因此，复合材料的成本较高，但是可以满足工程机械设计中的一些特殊构件的要求。复合材料根据组成的不同主要分为金属材料和非金属材料等，最常见的金属复合材料是合金，而非金属复合材料最常见的有树脂等。

第一，复合材料的种类繁多，主要分为金属复合材料和非金属复合材料两大类。金属复合材料包括合金等，常见的有铝合金、钛合金等。这些金属复合材料通常具有优异的机械性能，如高强度、高韧性等，在航空航天、汽车制造、船舶建造等领域得到广泛应用。非金属复合材料包括树脂基复合材料、陶瓷基复合材料、纤维增强复合材料等，常见的有玻璃纤维增强复合材料、碳纤维增强复合材料等。这些非金属复合材料通常具有轻质化、耐腐蚀、抗疲劳等特点，被广泛应用于航空航天、汽车制造、建筑工程等领域。

第二，复合材料在工程机械设计中有着多方面的应用。例如在汽车制造领域，复合材料被广泛应用于车身结构、车轮、内饰件等部件的制造，以提高汽车的安

全性、舒适性和燃油经济性。在航空航天领域，复合材料被用于制造飞机机身、翼面、舵面等部件，以减轻飞机重量、提高飞行性能。在建筑工程领域，复合材料被应用于制造建筑外墙、屋顶、桥梁等结构，以提高建筑物的耐久性和安全性。

然而，复合材料在应用过程中也面临着一些挑战和问题。例如复合材料的制造工艺较为复杂，生产成本较高，需要专门的设备和技术。同时，复合材料的设计和加工也需要考虑到其特殊性能和结构，以确保制造出符合要求的零部件和构件。此外，复合材料的表面处理、连接和修复等技术也需要不断改进和完善，以提高其应用的可靠性和使用寿命。

4. 陶瓷材料

二氧化硅是陶瓷材料的主要成分，因此陶瓷材料的耐磨性非常出色，而且耐腐蚀性较好，且硬度高、密度低、质量轻。在工程机械设计中，陶瓷材料主要用于密封件的设计和使用，但是陶瓷材料的脆性较高，受到撞击易损坏，且制造成本较高。

首先，陶瓷材料以其优异的耐磨性和耐腐蚀性而闻名。二氧化硅等陶瓷材料的硬度高、密度低、质量轻，使其在需要耐磨、耐腐蚀的环境中具有出色的表现。在工程机械设计中，陶瓷材料常用于制造密封件、轴承、阀门和涡轮等部件，以提高其耐磨性和耐腐蚀性，延长使用寿命。

然而，陶瓷材料也面临着一些挑战和限制。首先，陶瓷材料的脆性较高，容易受到撞击而产生破损，这限制了其在某些应用领域的广泛应用。其次，陶瓷材料的制造成本相对较高，制造工艺复杂，需要特殊的设备和技术，因此其在大规模工业生产中受到一定的限制。此外，陶瓷材料的性能稳定性和可靠性也需要不断提高，以满足工程机械设计中对零部件质量和性能的要求。

尽管如此，随着科学技术的不断进步和陶瓷材料制造技术的不断改进，陶瓷材料在工程机械设计中的应用前景依然广阔。未来，可以通过优化材料配方、改进制造工艺和加强品质控制，进一步提高陶瓷材料的性能和可靠性，拓展其在工程机械领域的应用范围。同时，也需要加强对陶瓷材料的研究和开发，推动其在工程机械设计中的创新和应用，为工程机械领域的发展作出更大的贡献。

（三）在工程机械设计材料选择和应用的基本原则

工程机械设计在选择和应用材料时，必须从不同的角度检查材料的性能。选用的材料不仅要满足机械使用的实际需求，而且经济实用，不会对人体造成伤害。

此外，利用可回收材料以充分促进工程行业的可持续发展。

1. 经济与实用相结合的原则

在工程机械设计材料选择和应用中首先要注重经济性和适用性相结合的原则。在机械设备制造过程中，需要多个制造环节和工艺，不同的制造工艺对材料的要求不同，比如锻造、焊接、切割等工艺对材料的要求完全不同，这就需要选择经济实用的材料避免浪费和性能不符合相关要求。例如焊接过程需要机械材料的接头以完全匹配焊接的灵敏度和特性。工艺锻造所需的材料必须完全满足冲压、吸气和锻造后冷却的要求。此外，在机械设备使用期间，每个组件的操作条件都不同，从而导致对材料的要求不同。一些零件需要具有耐磨性和耐腐蚀性的材料。这就要求设计人员充分考虑材料的一般特性，选择实用性较强的材料。因此，有必要选择符合相关标准的机械材料。在机械设计过程中，为了保证机械质量，对材料的要求很高。在选择材料时，过分注意材料的质量，而忽略了它们的成本效益，这会给设备的销售带来很大的困难。因此，设计人员在选择材料时必须充分考虑用户的实际情况。在性能相同的材料中，选择成本较低的材料，注意材料的经济性，满足不同经济水平的用户的需求。在机械制造过程中，加强对制造过程所有部分的监督，以确保材料的有效利用，确保机器的质量优化机器制造过程并最小化成本，从而控制机器的价格，并为社会提供优质廉价的机械设备。实现科学节省成本，保证机械设计的长期发展。

2. 全面贯彻可持续发展理念

近年来，我国社会快速发展的过程中，对环境造成了巨大的持续破坏，我国乃至世界的不可再生资源正在逐渐枯竭，环境污染已经威胁到了我们的生存。因此，在选择和应用机械材料的过程中，必须坚持环境保护和可持续性的理念，选择材料时，要使机械设计满足相关的应用要求，并充分发挥材料的潜力，达到节约资源的目的。在材料的选用中要注意材料的环保性，避免对环境造成破坏，选择的材料必须符合国家和有关部门制定的标准，以实现真正的可持续发展。

3. 优先使用新材料原则

材料科学的进步使近年来不断有新型材料出现，与传统材料相比，新材料在性能、价格和可用性方面都具有较大优势。使用新材料开发的机械产品成本效益比较高。因此，机械设计之中要优先选择新材料，有效地提高机械产品的利润率，并最大程度地提高机械设备制造的质量。

4. 注意材料的荷载能力

在工程机械设计过程中，很多设备的内部构造非常复杂，很多零件都需要荷载一些重量，这就要求材料具有一定的荷载能力。这些零件的荷载能力直接影响机器的整体质量，如果荷载力不足，在使用过程中容易断裂。因此，在选择材料的过程中，应注意其荷载力的研究。首先，在选择用于机械载荷组件的材料时，有必要分析各种材料的允许载荷以获得载荷参数，并应根据机器的实际需求进行选择。其次，需要改进荷载部件的制造工艺，升级生产流程，以提高生产效率并避免浪费资源。最后，必须严格控制生产过程。在制造过程中发现问题，需要及时解决以确保荷载部件的质量，提高工程机械的整体质量。

（四）工程机械设计中的材料选择和应用

1. 明确机械设计要求

在工程机械设计中，材料选择与应用是至关重要的环节，直接关系到机械设备的性能、使用寿命和安全可靠性。为了确保设计的机械能够在各种使用环境下达到预期的性能指标，必须明确机械设计的要求，综合考虑各种因素，并针对不同的设计细节进行详细分析。

首先，需要清楚了解机械设备的使用环境与性能要求。不同的使用环境可能会面临不同的温度、湿度、压力、振动等条件，而不同的性能要求则可能涉及强度、刚度、耐磨性、耐腐蚀性等方面。在这一步，设计者需要与客户或使用者充分沟通，了解使用场景和对机械性能的具体要求。

其次，需要对设计细节进行明确。这包括对各个零部件的功能、载荷、运动方式等进行详细分析，以确定各部件的设计参数和材料选用。例如承受高温环境的部件，需要选择耐高温的材料；对于承受高载荷的部件，需要选择高强度的材料。

在进行材料选择时，需要综合考虑各种因素，并对不同的材料进行比较选择。这包括材料的力学性能、物理性能、化学性能、成本等方面。同时，还需要考虑材料的加工性能、可靠性、环境友好性等因素。只有在充分考虑各种因素的基础上，才能选择出最适合的材料。

为了更准确地进行材料环境应用分析，可以借助计算机分析软件的帮助。通过将材料参数、环境参数以及其他影响因素输入其中，可以进行模拟计算，预测不同材料在特定环境下的性能表现，从而为材料选择提供科学依据。

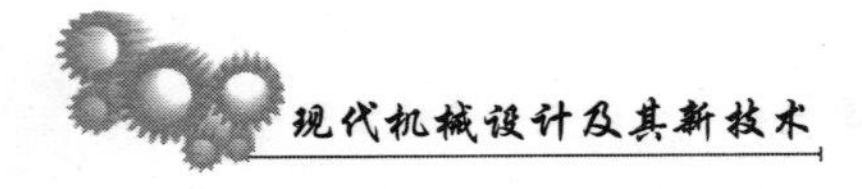

2. 做好材料性能分析

不同材料的性能不同，其应用条件也有所不同。机械工程设计中材料的理化性能分析尤为重要，物理性能分析主要指的是材料的硬度、密度、导热率、导电率及熔点等物理指标；化学性能分析主要指的是材料的耐酸性、耐碱性、抗氧化性和化学稳定性等。一般情况下工程机械设计的材料的理化性能选择要与工作条件相匹配，尽量选择硬度高、耐腐性好、抗氧化性强的轻质材料。除理化性能之外，工程机械设计选择材料要注意材料的机械加工性能，这是由于在机械设备制造过程中要进行多次工艺加工，因此机械加工性也决定了材料的应用情况。机械加工工艺主要包括焊接、锻造和切割等，根据不同的工业不同的材料其易加工性也有所不同，需要根据实际应用条件尽量选择成本低和易加工的材料。

3. 选择合适的加工工艺

在工程机械设计中，选择合适的加工工艺是确保材料顺利进入生产环节，并成为机械设备的重要部分的关键步骤。加工工艺的选择直接影响着产品的质量、性能和成本，因此需要在设计阶段就对各种加工工艺进行细致分析和确定，制定完善的加工方案。

针对不同的材料和机械构件，需要采用不同的加工工艺来满足设计要求。例如在钢结构加工中，热处理是一个关键的加工环节。热处理过程包括淬火、退火、氮化等多种工艺，每种工艺都有其特定的应用场景和效果。对于高硬度的钢材，如何降低其硬度以便于切割和加工是一个重要考虑因素，这时可以选择退火工艺来调整材料的性能。而对于需要提高表面特性的机械构件，如耐腐蚀性、耐热性和硬度等，可以采用氮化处理来增强材料的表面性能。

此外，还需要考虑到加工工艺的可行性、成本效益及生产效率等因素。不同的加工工艺具有不同的成本和生产周期，设计者需要综合考虑这些因素，选择最合适的加工工艺。在实际应用中，可能需要进行多次试验和优化，以找到最佳的加工方案。

在选择加工工艺时，还需要充分考虑到产品的设计要求和使用环境。加工工艺的选择必须与产品的设计相匹配，确保产品具备所需的性能和质量。同时，还需要考虑到产品的使用环境，选择能够满足产品在不同工作条件下的要求的加工工艺。

4. 尽量选择环保材料

实际上，不仅在材料的使用过程中需要低能耗，环保的材料，而且在材料的整个生命周期中必须贯彻这一原则。这就要求在机械设计时就要考虑尽量使用环保材料，在使用阶段尽量降低能源消耗以及对环境造成的影响，并且要确保在使用寿命到期后可以较好地回收再利用。但是环保材料通常在制造期间短期投入较大，体现的是长期效益，这一定程度上影响了这类材料的应用。所有应该将机械设计的材料设计作为一个长期规划工作来看，考虑整个材料应用周期的效益，而不是短期效益。结语在现阶段，我国工程机械设计在材料选择上仍然存在许多问题，比如材料的选择不科学，选择的材料不符合要求等。不同材料的选择将直接决定机械设计的最终质量。因此，选择材料时，必须注意实用性、经济性和环境保护，全面贯彻可持续发展的理念。科学的材料选择应基于其使用价值、经济价值和环境价值，从而最大程度地提高机械设计的价值。

第七章 智能化与自动化机械设计

第一节 智能化机械设计的概念与原理

一、智能化机械设计的基本概念和特征

智能化机械设计是指利用人工智能、物联网、大数据等先进技术，赋予机械系统更加智能化的特性，使其具备感知、认知、学习和决策等能力，从而实现自主、灵活和高效地运行。其能力主要包括：

（一）感知能力

1. 传感器技术

（1）光学传感器

光学传感器是一种常用的传感器类型，用于检测光线的强度、颜色和物体的位置。通过使用光敏元件，如光电二极管或光敏电阻，光学传感器能够将光信号转换为电信号。在智能化机械系统中，光学传感器常用于检测物体的存在与位置，例如用于自动化装配线上的物料定位和识别。

（2）压力传感器

压力传感器用于监测压力的变化，广泛应用于液体、气体等介质的压力测量。它们采用不同的原理，如电阻、电容、压电效应等，将压力转换为电信号。在智能化机械系统中，压力传感器常用于监测液压系统和气压系统的工作状态，以实现精确地控制和调节。

（3）温度传感器

温度传感器用于测量环境或物体的温度变化，通常采用热敏电阻、热电偶、红外线传感器等原理。在智能化机械系统中，温度传感器广泛应用于温度监控和控制领域，例如用于汽车发动机的温度监测和工业热处理过程中的温度控制。

（4）其他传感器

除了光学传感器、压力传感器和温度传感器外，还有许多其他类型的传感器，如加速度传感器、湿度传感器、气体传感器等。这些传感器在智能化机械系统中发挥着重要作用，为系统提供多样化的感知能力，以满足不同场景和应用的需求。

2. 数据采集与处理

（1）数据采集

数据采集是将传感器采集到的模拟信号转换为数字信号的过程。通常使用模数转换器（ADC）将模拟信号转换为数字信号，并通过总线或接口传输至数据处理单元。在智能化机械系统中，数据采集是感知环境和收集信息的重要步骤，为后续的数据处理和分析提供基础。

（2）数据处理

数据处理是对采集到的数据进行分析、处理和提取有用信息的过程。常见的数据处理方法包括滤波、特征提取、模式识别等。通过这些方法，系统能够从海量的数据中提取出有效的信息，为后续的决策和行为提供支持。数据处理的结果可以用于系统的控制、优化和决策，从而实现智能化的功能和性能。

3. 实时监测与反馈

（1）实时监测

实时监测是指系统持续地监测外部环境的变化，并及时获取和处理感知到的信息。通过实时监测，系统能够及时发现环境的变化和异常情况，为后续的决策和行动提供数据支持。例如在工业生产中，实时监测可以用于监测生产设备的运行状态和产品质量，及时发现问题并采取措施加以处理。

（2）实时反馈

实时反馈是指系统根据感知到的信息及时作出反应和调整。通过实时反馈，系统能够对环境的变化做出快速响应，实现自适应和自主控制。例如在自动化装配线上，实时反馈可以用于调整机器人的动作轨迹和力度，以适应不同的工件尺寸和形状。实时反馈使系统具有更强的适应性和灵活性，能够应对复杂多变的工作环境和任务要求。

（3）应用案例

实时监测与反馈在各行业和领域都有广泛的应用。以智能制造为例，通过传感器实时监测生产线上的温度、压力、速度等参数，系统可以实时掌握生产过程的状态，并根据监测到的信息对生产参数进行调整，保证产品质量和生产效率。另外，在智能交通领域，车辆配备的传感器可以实时监测道路状况和交通流量，智能交通管理系统可以根据监测到的信息实时调整信号灯配时，优化交通流量，提高道路通行效率。

（二）认知能力

1. 数据分析与模式识别

数据分析与模式识别是智能化机械系统实现认知能力的核心技术之一。通过对传感器获取的大量数据进行处理和分析，系统能够发现数据之间的内在联系和规律，从而实现对工作环境的认知和理解。数据分析涉及数据的清洗、处理、挖掘和分析等过程，通过这些过程，系统可以识别出数据中的关键特征和模式，为后续的决策和行为提供支持。模式识别则是基于数据分析的结果，通过算法和模型识别出数据中的规律性和特征性的模式，为系统的智能决策提供依据。例如在智能制造中，系统可以通过对传感器数据进行模式识别，识别出工件的形状、尺寸、质量等特征，为后续的加工和处理提供准确的参数和指导。

2. 环境建模与预测

智能化机械系统可以通过对环境的认知，建立相应的环境模型，并进行未来状态的预测。环境建模是指根据已有的数据和知识，对环境的结构、特征和变化规律进行建模和描述。系统可以通过对环境的建模，了解环境的动态变化和特点，为系统的决策和行为提供依据。基于环境模型，系统可以进行未来状态的预测，包括工作状态、故障发生概率等。例如在智能交通系统中，系统可以通过对交通流量、道路状况等数据的建模和分析，预测未来交通拥堵的可能性和位置，为交通管理部门提供决策支持。

（三）学习能力

1. 机器学习算法

机器学习算法是智能化机械系统实现学习能力的核心工具之一。这些算法能够从大量数据中学习和发现规律，并根据学习到的知识来做出决策和行为。在工程领域，机器学习算法广泛应用于智能化机械系统的设计、优化和控制中。例如监督学习算法可以通过对历史数据的学习，预测未来的工作状态和性能指标，为系统的优化和调整提供指导；无监督学习算法可以从数据中发现隐藏的模式和结

构，为系统的自主学习和决策提供支持；强化学习算法则可以通过试错的方式，不断优化系统的行为策略，提高系统的性能和适应能力。

2. 自适应调整

智能化机械系统具有自适应调整的能力，能够根据环境变化和任务需求实时调整自身的行为和策略，以适应不同的工作环境和工作要求。这种能力使得系统能够灵活应对各种复杂和多变的工作场景，提高系统的适应性和灵活性。例如在工业生产中，机器人可以根据生产线上的实际情况，自适应调整工作速度和力度，保持与其他设备的协调配合，提高生产效率和质量；在智能家居中，智能化机械系统可以根据用户的习惯和需求，自适应调整家庭设备的工作模式和参数，提供更加个性化和舒适的生活体验。

（四）决策能力

1. 智能化决策算法

（1）规则引擎

规则引擎作为智能化机械系统的决策核心之一，基于预先设定的规则和条件，自动执行相应的操作。其关键在于规则的设计和管理，以及规则与系统其他部分的集成。在智能制造中，规则引擎能够根据生产环境、产品特性和任务需求，自动制订生产计划、调度生产资源，实现生产过程的智能化管理和优化。

（2）优化算法

优化算法是智能化机械系统中的重要组成部分，通过对目标函数进行优化，找到最优解或者接近最优解的方案。常见的优化算法包括遗传算法、模拟退火算法、粒子群算法等。在智能制造中，优化算法可以应用于生产调度、资源分配、产品设计等方面，帮助提高生产效率和降低成本。

（3）模糊逻辑

模糊逻辑是一种处理模糊信息的推理方法，能够处理不确定性和模糊性问题。在智能化机械系统中，模糊逻辑常用于决策推理和控制系统中。例如在自动化驾驶中，模糊逻辑可以根据车辆周围环境的模糊信息，制定驾驶策略和规避风险。

（4）深度学习

深度学习作为人工智能领域的重要技术，已经在智能化机械系统中得到广泛应用。通过深度学习模型，系统可以从海量数据中学习并提取特征，实现对复杂任务的自动识别和决策。在智能制造中，深度学习可以用于产品质量检测、异常检测、预测维护等方面，提高生产过程的自动化水平和智能化程度。

2. 实时优化与调整

（1）实时感知与数据采集

实时优化与调整的前提是对环境变化和系统状态进行实时感知和数据采集。智能化机械系统通过各类传感器和数据采集设备，实时获取生产环境、设备状态、产品信息等数据，为实时优化和调整提供可靠的数据基础。

（2）实时决策与执行

基于实时感知和数据采集的信息，智能化机械系统能够快速做出决策并执行相应的操作。例如在自动化生产线上，系统可以根据实时采集的数据，调整生产节奏、修改生产计划，以应对突发情况或者优化生产效率。

（3）自适应控制与反馈调整

智能化机械系统具备自适应控制和反馈调整的能力，能够根据实时反馈信息对系统参数进行动态调整。这种反馈控制机制可以使系统对外部环境变化和内部参数波动具有较强的适应性和稳定性。

（4）多模态优化与协同调控

实时优化与调整不仅仅局限于单一模态的优化，而是需要综合考虑多种因素和约束条件，进行多模态的优化和协同调控。例如在智能交通系统中，需要同时考虑车流量、道路状况、交通信号等因素，实现交通流的优化和调整。

二、智能化机械设计的技术原理与方法

（一）人工智能技术的应用

1. 机器学习

（1）监督学习

监督学习是机器学习中最常见的一种范式，通过给算法提供带有标签的训练数据，让算法学习输入与输出之间的映射关系。在智能化机械设计中，监督学习被广泛应用于预测性维护和故障诊断。例如利用监督学习算法，可以根据历史维护记录和设备运行数据，预测设备未来的故障概率，从而提前进行维护，减少停机时间和维修成本。

（2）无监督学习

无监督学习是一种从无标签数据中学习隐藏结构或模式的机器学习方法。在

智能化机械设计中，无监督学习可以应用于设备状态监测和优化控制。例如通过无监督学习算法，对设备运行数据进行聚类分析，发现不同的工作状态和异常模式，从而实现对设备状态的实时监测和管理。

（3）强化学习

强化学习是一种通过试错的方式学习最优策略的机器学习方法，在智能化机械设计中具有重要应用价值。例如在自动化装配系统中，可以利用强化学习算法，让机器人根据环境反馈逐步优化自身的操作策略，以提高装配效率和质量水平。

2. 深度学习

（1）卷积神经网络（CNN）

卷积神经网络是深度学习中常用于图像识别和处理的一种网络结构，在智能化机械设计中有着广泛的应用。例如在智能视觉系统中，可以利用 CNN 对生产线上的产品进行缺陷检测和质量控制，提高生产效率和产品质量。

（2）循环神经网络（RNN）

循环神经网络是一种适用于序列数据处理的深度学习模型，在智能化机械设计中具有重要意义。例如在自动驾驶系统中，可以利用 RNN 对车辆周围环境的序列数据进行处理和分析，实现对驾驶决策的智能化支持。

（3）深度强化学习

深度强化学习将深度学习和强化学习相结合，可以在复杂环境下学习最优决策策略。在智能化机械设计中，深度强化学习可以应用于自主机器人的路径规划和动作控制。例如在智能仓库管理系统中，可以利用深度强化学习算法让机器人学习最优的货物搬运路径，提高仓库的运作效率。

3. 神经网络

（1）前馈神经网络

前馈神经网络是一种最简单的神经网络结构，通常用于模式识别和分类任务。在智能化机械设计中，前馈神经网络可以应用于产品检测和识别。例如在自动化装配系统中，可以利用前馈神经网络对产品进行识别和分类，实现自动化生产线的智能化管理。

（2）反馈神经网络

反馈神经网络具有反馈连接，能够处理动态系统和时序数据。在智能化机械设计中，反馈神经网络可以应用于动态控制和自适应优化。例如在工业控制系统中，可以利用反馈神经网络实现对设备运行状态的实时监测和调整，提高生产效率和稳定性。

（3）深度信念网络

深度信念网络是一种多层概率生成模型，能够对复杂数据分布进行建模。在智能化机械设计中，深度信念网络可以应用于异常检测和预测维护。例如在工业生产过程中，可以利用深度信念网络对生产数据进行分析和建模，发现潜在的异常模式并提前预警，以避免生产故障和损失。

（二）物联网技术的集成

1. 设备互联

（1）传感器网络

物联网技术通过传感器网络实现了设备之间的信息互联和数据共享。传感器网络可以实时采集各种环境数据和设备运行数据，如温度、湿度、压力、振动等，将数据传输到物联网平台进行分析和处理。这种实时数据的获取和共享，使得生产过程中的各个设备能够相互感知和监控，为生产管理提供了更加全面的信息基础。

（2）通信协议与接口

物联网技术利用各种通信协议和接口实现了设备之间的数据传输和通信连接。常用的通信协议包括 Wi-Fi、蓝牙、Zigbee、LoRa 等，通过这些协议，设备可以在无线网络环境下进行数据传输和通信。此外，物联网平台还提供了各种接口和标准，如 RESTful API、MQTT 协议等，方便设备接入和数据交换，实现设备之间的互联互通。

（3）数据共享与协同工作

物联网技术实现了设备之间的数据共享和协同工作，使得各个设备能够共同处理和分析数据，实现智能化决策和协同控制。通过物联网平台，设备可以将采集的数据上传至云端进行存储和处理，其他设备可以访问这些数据进行分析和应用。这种数据共享和协同工作的方式，可以实现生产过程中各个环节的智能化管理和优化。

2. 远程监控与操作

（1）远程监控系统

物联网技术通过搭建远程监控系统，实现了对机械设备的远程监控和实时数

据展示。管理人员可以通过 Web 界面或移动 App 随时随地访问监控系统，实时查看设备的运行状态、生产情况和各项指标的变化趋势。这种远程监控系统使得管理人员能够及时了解生产现场的情况，提高了生产管理的效率和准确性。

（2）远程诊断与维护

物联网技术还实现了对设备的远程诊断和维护，使得管理人员可以远程排查和解决设备故障。通过远程监控系统，管理人员可以获取设备的实时数据和运行日志，发现异常情况并进行故障诊断。在发现故障后，管理人员可以通过远程操作系统对设备进行重启、参数调整等操作，快速恢复设备的正常运行，减少了因故障而导致的停机时间和生产损失。

（3）远程控制与调整

物联网技术使得管理人员可以通过远程操作系统对设备进行远程控制和调整，实现生产过程的远程智能化管理。管理人员可以根据实时监控数据，对设备的工作参数进行调整，如调整生产线的运行速度、工艺参数等，以适应生产需求的变化。这种远程控制和调整的方式，提高了生产过程的灵活性和响应速度，为生产管理提供了更大的便利。

3. 智能调度与优化

（1）实时数据分析与预测

物联网技术通过实时采集和分析设备运行数据，实现了对生产过程的实时数据分析和预测。物联网平台可以利用机器学习和数据挖掘技术，对设备运行数据进行实时监测和分析，发现潜在问题并进行预测。例如通过对设备能耗数据的分析，预测设备的故障风险和维护需求，从而提前采取措施避免生产中断。

（2）自动化调度与优化

物联网技术实现了对生产资源的自动化调度和优化，使得生产过程能够实现智能化管理和优化。通过物联网平台，可以实时监测设备运行状态和生产需求，自动调整生产计划和资源分配，实现生产过程的动态优化。例如根据实时数据和需求变化，系统可以自动调整生产线的运行速度和工艺参数，实现生产过程的最优化和调整。

（3）跨平台集成与协同控制

物联网技术实现了不同平台之间的数据集成和协同控制，使得生产过程能够实现跨平台的智能化管理和优化。通过物联网平台，不同设备和系统可以实现数据共享和交换，实现跨平台的协同工作。例如生产计划系统可以与设备监控系统进行数据交换，实现生产计划和设备运行的实时匹配，提高生产效率和资源利用率。

（三）大数据分析的应用

1. 数据采集与存储

在大数据分析中，数据采集的关键是利用传感器技术实时获取生产过程中产生的数据。传感器可以安装在生产设备上，监测设备的运行状态、温度、压力、振动等参数，并将这些数据实时传输至数据存储系统。各种类型的传感器如压力传感器、温度传感器、加速度传感器等，能够全面监测生产环境的各项参数，为后续的数据分析提供丰富的数据来源。

（1）数据存储技术

采集到的大量数据需要进行高效的存储和管理，以确保数据的安全性和可靠性。数据存储技术包括关系型数据库、NoSQL 数据库、数据仓库和数据湖等。关系型数据库适用于结构化数据的存储和管理，而 NoSQL 数据库则更适合存储非结构化数据和半结构化数据。数据仓库和数据湖则能够集成各种类型的数据，提供统一的数据管理平台，为后续的数据分析提供便利。

（2）数据安全与隐私保护

在数据采集和存储过程中，数据的安全性和隐私保护是至关重要的。采用加密技术、访问控制和身份认证等手段，保障数据的机密性和完整性。同时，遵循相关的数据隐私法规和政策，明确数据的使用和共享权限，保护数据所有者的权益和隐私。

2. 数据挖掘与分析

（1）机器学习算法

数据挖掘是大数据分析的重要环节，运用机器学习算法，可以从海量数据中发现隐藏的规律和趋势。常用的机器学习算法包括决策树、支持向量机、神经网络、随机森林等。这些算法可以应用于分类、聚类、回归等不同类型的问题，为生产过程中的数据分析提供多种可能性。

（2）统计分析方法

除了机器学习算法，统计分析方法也是数据挖掘的重要手段。统计分析可以对数据的分布、相关性、偏差等进行深入研究，从中发现数据背后的规律和关联

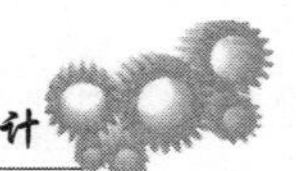

性。统计分析方法包括描述统计分析、假设检验、方差分析、相关分析等，为数据挖掘提供了丰富的分析工具。

（3）预测分析与优化决策

数据挖掘的一个重要应用是利用历史数据进行预测分析，从而指导未来的决策和行动。通过建立预测模型，可以预测生产过程中可能出现的故障、生产瓶颈、需求变化等情况，为管理人员提供决策支持。此外，数据挖掘还可以发现生产过程中的优化空间和改进方案，从而提高生产效率和产品质量。

3. 应用案例与实践

（1）生产过程监控与优化

利用大数据分析技术，可以实现对生产过程的实时监控和优化。通过分析设备运行数据和生产参数，及时发现生产中的异常情况和瓶颈环节，并采取相应的调整措施进行优化。例如通过监测设备的运行状态和能耗数据，发现设备运行效率低下的原因，并采取措施优化设备的运行参数，提高生产效率和能源利用效率。

（2）质量控制与异常检测

大数据分析技术可以应用于产品质量控制和异常检测。通过分析产品质量数据和生产工艺参数，建立质量预测模型，预测产品质量问题的发生概率，并采取预防性措施进行控制。同时，通过监测生产过程中的异常数据和异常模式，及时发现产品质量异常，并追溯问题根源，保证产品质量的稳定性和可靠性。

（3）故障诊断与预防性维护

利用大数据分析技术，可以实现对设备故障的诊断和预防性维护。通过分析设备运行数据和历史维护记录，建立故障预测模型，预测设备未来可能发生的故障类型和故障时间，从而提前采取维护措施，减少停机时间和维修成本。同时，通过监测设备的运行参数和工况，发现设备运行异常的迹象，并及时进行故障排查和修复，保证设备的稳定运行和生产效率。

第二节　自动化机械设计在工业生产中的应用与发展趋势

一、自动化装配系统在制造业中的应用案例

（一）汽车制造业中的自动化装配线

1. 汽车制造业中自动化技术概述

（1）安全 PLC 总线技术

安全 PLC 总线技术主要是利用 PLC 技术系统来开展，当前在进行汽车制造过程中，运用该项技术能够有效安全简化汽车总线生产工艺，并且能避免由于更改安全回路而引发的生产控制回路断路或短路等情况。此外，利用安全 PLC 总线技术能够将汽车制造环节中的故障实时显示出来，无须排查汽车制造工位，并为相关技术人员提供便利，让其能够实时开展生产故障排查，缩短生产停线时间，进而提高制造效率。不仅如此，应用安全 PLC 总线技术能够在汽车运行前事先预知隐患故障，达到汽车自诊、自检甚至是自我修复的效果。

（2）集成自动化技术

集成自动化技术在汽车制造中发挥了非常重要的作用，其原理在于科学糅合与完善已有的制造技术和信息技术，以实现企业制造过程的优化。而且，该项技术还能够充分联系起自动化生产中相关信息数据，有效地提升了汽车制造效率。

（3）柔性自动化技术

当前就国际制造行业来讲，柔性自动化是一项最先进的自动化技术，其原理是利用计算机网络技术来管理与控制汽车制造设备。运用该项技术不但能够弥补以往汽车制造技术的不足，而且还能有效提高汽车制造设备的智能化水平。

（4）低压变频器的应用

低压变频器在汽车制造时主要是在最后的喷漆工段使用，汽车喷漆工段对环境的要求高，车间的温度和风量都需要进行有效控制。在生产车间的空调上安装低压变频器就能很好地帮助控制环境的温度及风量，同时，在三个方面提高空调

使用及控制的方便程度：第一，空调电机的风量、风速可以利用低压变频器进行控制，使调控模式更便捷，也方便维护设备。第二，低压变频器可以有效调节空调的风量，降低空调对电量的消耗，在车间放假时，也可以利用低压变频器让空调低速运转，最大程度节约电费。第三，在车间安装多个触屏控制面板，让车间工作人员能随时了解空调工作现状，还可以根据工作需要对空调进行调节，提高工作的便利性。

（5）机器视觉技术

机器视觉技术是当前汽车制造行业中的一项现代化技术。它利用图像摄取装置，如CCD或CMOS，与需要摄取的物件相联系，将获取的图像信号有效转换并传输至专门的处理系统。在处理系统中，图像信号被分析，关键指标如颜色、亮度等被提取出来，并转变成数字信号。通过运算，目标特点和分析结果被获得，从而实现对各类制造动作的判断。机器视觉技术具有范围广、速度快、无须直接接触和强大信息收集能力等特点，能够进行信息化集成。在当前的汽车制造行业中，这项技术得到了广泛应用。

机器视觉技术主要包含视觉识别和视觉检测两种功能。在汽车制造行业中，利用这项技术，可以对实际生产的汽车尺寸进行自动检查，判断其与标准要求是否一致。此外，机器视觉技术还能够取代以往的人工测量，检测各个零部件尺寸是否符合规定要求，如果不符则进行优化。这样的应用大幅提升了汽车生产的效率与质量。

除了在汽车制造行业中的应用，机器视觉技术还可以用于企业舒适度检测和智能服务中，并取得了良好的效果。通过对舒适度的检测，企业可以了解员工的工作环境是否符合相关标准，进而采取措施改善工作环境。而在智能服务方面，机器视觉技术可以用于识别用户需求并提供个性化的服务，提升用户体验。

（6）焊接机器人

目前，自动化焊接在汽车制造企业中的应用越来越广泛，成为生产中不可或缺的一部分。焊接机器人以其价格适中、功能丰富、灵活性高以及能够实现生产自动化等优点，受到越来越多制造企业的喜爱。一般来说，焊接机器人系统主要包括焊接专用设备、焊接机器人工作站和焊接机器人生产线等几种类型。焊接专用设备适用于大规模生产、产品转换速度较慢的情况；而焊接机器人工作站通常用于形状复杂、需要焊接数量较多且焊缝较短的中小规模生产；焊接机器人生产线则适用于产品种类繁多、数量不多的情况。因此，制造企业需要根据自身的实际生产需求来确定选择哪种自动化焊接生产方式。

（7）配件制造环节的自动化技术

在配件制造环节引入自动化技术主要通过控制数控系统、车床系统和机械臂来实现相应的钣金、切割和焊接工作。这种技术的实施可以显著提高汽车配件制造的效率和合格率。此外，从后续汽车配件的使用角度来看，使用这项技术可以有效提高整车的运行稳定性。

（8）装配作业中的自动化技术

自动化技术在装配作业中的应用是现代汽车制造过程中至关重要的一环。通过引入自动化技术，汽车制造企业可以实现装配过程的高效、精确和可控，从而提高生产效率、降低生产成本，同时确保产品质量和安全性。

首先，自动化技术通过将坐标和操作数据预先输入计算机系统，实现了装配过程的数字化和信息化管理。在装配作业中，计算机系统能够准确记录和分析每个装配步骤的数据，包括零部件的位置、尺寸、配件情况等，为后续的装配操作提供准确的指导和控制。

其次，自动化技术主要通过控制机械手臂来执行装配任务，实现了装配作业的自动化和智能化。这些机械手臂可以根据预设的程序和路径，精确地抓取、旋转、安装零部件，完成复杂的装配动作。通过自动化装配，可以大大提高装配速度和一致性，减少了人为操作可能带来的误差和变异，确保了装配质量的稳定性。

在具体操作过程中，自动化装配涉及多种技术手段的运用。其中，电力控制技术用于控制机械手臂的运动和力度，确保装配动作的精准和平稳进行。制动技术则用于控制机械手臂的停止和固定，保证零部件在装配过程中的准确定位和固定。探测技术可以用于检测零部件的位置和质量，及时发现并修正装配过程中的问题。分散控制技术和在线控制技术则用于对装配系统的整体控制和监控，实现装配过程的协调和优化。

（9）质量检测中的自动化技术

自动化技术在汽车制造中的质量检测中具有重要意义，它对确保汽车制造质量、提高汽车运行稳定性和安全性起着至关重要的作用。通过应用自动化技术，汽车制造企业能够实现对汽车零部件和整车的高效、准确和可靠的质量检测，从而提升生产效率、降低生产成本，增强企业竞争力。

自动化技术在汽车制造质量检测中的应用涉及多个方面。首先，无损检测技术是一种非破坏性的检测手段，通过超声波、X 射线、磁粉、涡流等方法对汽车零部件进行检测，能够发现隐蔽缺陷和内部结构问题，保证汽车零部件的质量。其次，红外检测技术能够检测汽车零部件的温度和热量分布情况，帮助识别零部件的异常情况，提前发现潜在问题，防止质量缺陷。同时，软件控制技术和编程技术能够实现对检测设备和系统的精准控制和调整，确保检测过程的准确性和一致性。此外，相关物理测试装置如力学性能测试机、硬度计等也是质量检测中不可或缺的工具，通过对汽车零部件的物理性能进行测试，评估其质量和耐久性。

自动化技术在汽车制造质量检测中的应用具有诸多优点。首先，其准确性高，能够实现对汽车零部件和整车的精准检测，避免了人为主观因素可能带来的误差和偏差。其次，效率高，能够实现对大量汽车零部件的快速检测和筛选，提高了检测效率和生产效率。同时，自动化技术的应用还能够降低人力成本和检测成本，提升了企业的经济效益和竞争力。

2. 汽车制造业应用自动化技术的注意内容

自动化技术就是需要自动化设备控制生产设备，为了对生产设备进行有效控制，自动化设备还需要对生产运行情况及数据进行收集并转化为有效信息呈现给工作人员。在收集数据时，为保证数据准确性，自动化设备必须不能受到干扰。由于自动化设备在工作时大部分工作流程已经实现智能控制，不需要人工操作，因此，在工作前要对设备进行严格、精准、科学的设置。所以，自动化技术在应用时要注意避免发生问题才能保障设备正常工作。

（1）尽量避免工作环境对设备的影响

确保自动化控制系统的准确性和稳定性是汽车制造中至关重要的一环。然而，要实现这一目标，必须认识到工作环境对设备性能的影响，并采取相应措施以减小这种影响。

第一，高敏感度的设备通常更容易受到环境的影响。尽管高敏感度有助于准确收集数据，但也意味着设备更容易受到振动、温度变化和电磁干扰等外部因素的影响。这可能导致数据采集不准确，信号传输不稳定，进而影响设备的反应速度和性能稳定性。

第二，对于使用 PLC 技术的设备而言，工作环境的温度和湿度也是至关重要的因素。PLC 设备通常对温度有严格要求，过高或过低的温度都会影响其正常运行。同时，高湿度的环境可能导致设备内部的电气元件受潮，增加设备故障的风险。

第三，工作环境中存在过量的腐蚀气体和粉尘也会对自动化技术设备的性能产生不利影响。这些有害物质可能导致设备部件腐蚀、堵塞或损坏，进而影响设备的稳定性和可靠性。因此，必须及时清除工作环境中的有害物质，以确保设备的正常运行。

针对不同类型的自动化技术设备，必须根据其特点和要求进行合适的安装和使用。这可能涉及选择适当的安装位置、采取防护措施、定期维护保养等方面的工作。只有在严格按照设备特点进行操作和管理的情况下，才能最大程度地减少工作环境对设备性能的影响，确保自动化控制系统的正常运行和稳定性。

（2）排除或减少电波对设备的影响

在汽车制造过程中，自动化设备的正常运行受到电波干扰的影响是一项严峻的挑战。这些电波干扰可能来自设备本身的电流流动，也可能来自外部环境的电磁辐射，都会对自动化设备的信号传输和稳定性产生负面影响，进而影响汽车制造车间的生产效率和质量。为了排除或减少电波对设备的影响，需要采取一系列措施，从设备设计、车间环境到电源管理等方面进行有效管理和优化。

首先，针对自动化设备本身，应在设计阶段就考虑到电波抗干扰的因素。通过采用屏蔽技术、滤波器、抑制器等措施，提高设备的抗干扰素力，减少电波对设备内部电路的影响。同时，采用优质的电子元器件和电路设计，降低设备自身电磁辐射的强度，从源头上减少电波干扰。

其次，对车间环境进行优化，减少外部电磁辐射对设备的干扰。通过对车间布局进行合理规划，避免电源线路与信号线路的交叉，并设置屏蔽设备或金属隔离屏障，减少电磁波的传播和干扰。此外，对关键设备周围区域进行电磁辐射监测和控制，确保设备处于低电磁辐射的环境中，有利于提高设备的稳定性和可靠性。

再者，对车间电源进行有效管理和优化，确保电源供电的稳定性和纯净度。采用稳压器、滤波器等设备，净化电源信号，降低电源波动和噪音干扰，保证设备工作时的电源稳定性。此外，对电源线路进行合理规划和布线，避免电源线路过长或过密，减少电源干扰对设备的影响。

（3）降低设备振动的影响

设备振动对自动化生产设备的影响是一个需要认真对待的问题，特别是对于一些敏感度较高的设备，如监控设备、精密加工设备等，其受到的影响更为显著。因此，为了降低震动对设备的影响，需要从多个方面采取措施，从减震措施到设备稳定性的增强，全方位地解决这一问题。

第一，针对设备本身的振动特性，可以采取减震措施来减少震动对周围设备的影响。例如在电机安装过程中，可以采用减震垫、减震脚等减震装置，有效地减少电机运行时产生的振动传导到其他设备上的可能性。同时，可以对设备的运行速度、平衡性等进行优化和调整，减少不必要的振动源，从源头上降低振动对设备的影响。

第二，需要增强自动化设备的稳定性，提高其对外部震动的抵抗能力。这包括在设备设计阶段考虑到抗震性能，选择合适的结构材料和设计方案，以增加设备的结构强度和稳定性。同时，在设备安装和调试过程中，需要确保设备的稳定性和平衡性，避免因不稳定而导致的额外振动。

第三，还可以采用增强设备的避震能力，通过调整设备的布置位置、增加减震装置等方式，减少外部振动对设备的传导和影响。例如，可以将敏感设备放置在地面稳固、震动较小的位置，或者在设备周围设置隔音隔振设备，有效地减少外部振动的传导。

（4）做好自动化设备的维护工作

为确保汽车制造领域的自动化技术设备能够持续稳定地运行，关键在于做好定期维护工作。在实际操作中，制造企业需要从建立健全的维护制度和加强维护人员的专业技能培训两个方面入手。针对自动化设备的维护，工作人员需要同时关注软件和硬件两个方面。在软件维护方面，重点包括定期更新和升级软件、安装补丁、配置安全防护软件以及更新软件运行处理器等措施。而在硬件维护方面，则主要涉及及时更换老化设备和磨损部件，以及增加或更换润滑油等操作。

建立健全的维护制度是保障自动化设备稳定运行的重要保障措施。通过建立完善的维护计划和流程，制造企业可以及时发现设备的故障和问题，并采取相应的维修和保养措施。同时，加强维护人员的专业技能培训也至关重要。只有经过系统的培训，维护人员才能够熟练掌握设备的维护技术和方法，确保维护工作的高效进行。

在实际的维护操作中，软件和硬件维护都是不可忽视的重要环节。在软件维护方面，定期更新和升级软件可以保证设备具备最新的功能和性能。安装补丁和安全防护软件可以有效防止病毒和恶意攻击对设备造成的损害。同时，及时更新软件运行处理器可以提高设备的运行效率和稳定性。

而在硬件维护方面，及时更换老化设备和磨损部件可以延长设备的使用寿命，减少故障发生的概率。增加或更换润滑油可以有效降低设备的摩擦和磨损，提高设备的运行效率和稳定性。通过综合考虑软件和硬件两个方面的维护工作，可以确保自动化设备始终处于最佳状态，为汽车制造工作提供稳定可靠的支持。

（二）电子产品制造中的自动化装配工艺

在电子产品制造领域，自动化装配工艺也得到了广泛应用。例如手机、平板电脑等电子产品的组装过程往往采用自动化装配系统，通过机器人和自动化设备实现零部件的精准组装和质量检测，提高产品的生产效率和一致性。

1. 自动化装配系统的概述

自动化装配系统在电子产品制造中扮演着不可或缺的角色，其作用不仅体现在提高生产效率和产品质量上，还在于实现生产过程的精确控制和灵活应对。这些系统由多个自动化装配工作站组成，每个工作站负责特定的组装任务，共同协作完成产品的装配。

第一，自动化装配系统采用先进的机器人技术。这些机器人具有高度的灵活性和精确度，能够根据预先设定的程序完成各种组装任务。它们的操作速度快、准确度高，能够在短时间内完成复杂的组装操作，大大提高了生产效率。此外，机器人还可以通过视觉系统对零部件进行识别和定位，确保组装过程的精确性和一致性。

第二，自动化装配系统还采用了各种自动化设备。这些设备包括自动化传送带、拧螺丝机、焊接机等，能够完成一系列重复性高、工序繁琐的装配任务。这些设备能够自动进行零部件的搬运、固定、连接等操作，减轻了人工操作的负担，提高了工作效率。

第三，自动化装配系统还配备了各类传感器。传感器能够实时监测装配过程中的各项参数，如零部件的位置、角度、质量等。通过实时采集和分析这些数据，系统可以及时调整机器人和设备的操作，确保装配过程的顺利进行。传感器还可以发现并报告装配过程中的异常情况，如零部件损坏或缺失，及时采取措施进行

修复或更换，确保产品质量。

2. 自动化装配系统的工作原理

自动化装配系统的工作原理是基于先进的机械控制和智能化的软件算法。首先，该系统通过详细地规划和设计确定了产品组装过程中每个工作站的任务和作业流程。这包括了确定零部件的组装顺序、装配工具的选择以及操作步骤的细节等。这一阶段的规划是系统正常运行的基础，它确保了整个装配过程的顺利进行。

接下来，机器人和自动化设备被引入系统中，负责执行组装任务。机器人具有精准的定位和操作能力，能够准确地将零部件按照预设的顺序进行组装。在装配过程中，自动化设备也发挥着重要作用，它们可以完成一些重复性高、工序繁琐的任务，从而减轻人工操作的负担，提高工作效率和产品质量。

在整个装配过程中，传感器起着监测和控制的作用。传感器可以实时监测装配过程中的各项参数，例如零部件的位置、角度和质量等。通过实时采集和分析这些数据，系统可以及时调整机器人和设备的操作，确保每个步骤的准确性和一致性。同时，传感器还可以发现和报告装配过程中的异常情况，如零部件损坏或缺失，从而及时采取措施进行修复或更换，保证装配过程的顺利进行。

最后，装配完成的产品会经过质量检测和测试环节。这些检测和测试旨在确保装配好的产品符合规格要求，具有良好的质量和性能。如果产品存在缺陷或不合格之处，系统会自动将其排除，以防止不合格产品进入下一道工序或最终用户手中，保障产品质量和用户满意度。

3. 自动化装配工艺的优势和挑战

首先，自动化装配工艺的优势在于提高了生产效率和降低了制造成本。通过减少人工操作和生产周期，自动化装配系统可以实现生产线的高效运作，从而大幅提升生产效率。这不仅可以缩短产品的上市周期，还可以降低生产成本，提高企业的竞争力。

其次，自动化装配系统具有高度的精度和稳定性，能够确保产品的一致性和质量。通过精确的定位和操作，自动化装配系统可以避免人为错误和不稳定因素的干扰，从而提高产品的装配精度和质量稳定性。这对于电子产品制造来说尤为重要，因为电子产品的质量直接关系到用户体验和品牌声誉。

此外，实现工厂自动化还可以提升生产线的灵活性和响应速度。自动化装配系统可以根据市场需求的变化实时调整生产计划和工艺流程，快速实现产品的生产和交付。这使得企业能够更好地适应市场的变化，保持竞争优势。

然而，自动化装配工艺也面临一些挑战。首先，需要对装配流程进行精细的规划和调整，确保每个工作站的协调运作。这需要专业的工程师团队进行系统设计和调试，并且需要不断优化和改进装配流程，以适应市场需求的变化。

另外，自动化装配系统的建设和维护需要投入大量的资金和技术支持。这涉及设备的采购、安装、调试和维护等方面，需要企业具备丰富的资金实力和技术能力。此外，对于某些复杂的电子产品，如智能手机和平板电脑，由于零部件种类繁多和组装过程的复杂性，自动化装配可能面临更大的挑战。这就需要不断创新和改进技术手段，提高系统的智能化和适应性，以应对日益复杂的产品需求。

二、工业机器人在生产线上的应用与发展趋势

（一）工业机器人在汽车制造中的应用

科学技术是重要的生产力，在工业时代发挥着重要作用。现代社会仍然以科技为主，工业机器人的出现充分印证了科技的优势，其以各类控制系统为基础，依靠智能化技术进行生产加工，无须进行人工作业。在汽车智能制造中，工业机器人的应用提高了制造工作的效率和质量，实现了自动化生产和运作，其优势主要体现在三个层面：成本低、智能化程度高和安全性强。

在汽车制造过程中，存在许多高风险因素的工作，如果仅靠人工完成，则可能会出现较大误差。比如有些工作人员可能会存在不熟悉工作流程、疲劳作业的问题，从而对人身安全造成较大的威胁，但使用工业机器人可以较好地解决这些问题。此外，工业机器人的出现大大降低了劳动力成本。人们在为汽车企业创造价值的同时，也在一定程度上消耗着许多资源。从汽车企业的长远发展来看，每一位员工都是劳动力成本，当劳动力成本占劳动力创造价值的很大一部分时，汽车企业就会通过各种渠道降低劳动力成本或增加劳动力创造的价值。而使用工业机器人时，虽然前期投入成本比较大，但是可以在长期运转中减少劳动力成本及其他额外费用，从而有效降低汽车企业的总体生产成本。同时，工业机器人的应用还可以提高汽车生产效率和产品质量，使产品能够在市场竞争中具有更多的优势，提升企业的竞争力。

1. 工业机器人在汽车智能制造生产线中的应用

（1）喷漆和涂胶

在汽车生产中，喷漆和涂胶是至关重要的工序，直接影响到汽车的外观和质量。传统的喷漆和涂胶作业依赖于经验丰富的工人，但存在着诸多问题，比如效率低下和工作环境不佳等。而工业机器人具备高速、高精度、可 24 小时连续工作、编程灵活等优势，能够显著提高喷漆和涂胶的效率，保证产品质量。

此外，工业机器人还能够利用视觉识别技术来检测和追踪汽车零件表面曲线复杂的情况。通过这种方式，不仅可以确保涂装达标，还能最大程度地降低废品率。因此，在汽车制造业中，工业机器人已经成为不可或缺的一部分，得到了广泛应用。

（2）汽车装配

快速组装零部件是工业机器人在汽车装配过程中的重要工作，如车门车窗组装、发动机仪表盘组装等。在汽车零部件装配工作中，为了保证装配过程的准确性，技术人员通常需要做大量工作，涉及的工艺较多、流程繁琐。但应用工业机器人以后，技术人员只需准确放置各种传感器（触觉、听觉等）即可，工业机器人就可以自动识别、捕捉相应的零部件并将零部件快速组装起来，放置到指定部位。因此，工业机器人在汽车装配中的应用不仅可以提高生产效率，还可以保证作业的精确性和稳定性，减少技术人员的工作量，从而使技术人员有更多的时间投入技术研究和探索工作中。

（3）车体焊接

在汽车智能制造过程中，点焊和弧焊技术被广泛应用于车身焊接，这两项工作至关重要，直接影响着车身整体焊接质量是否能够达到标准。为了进行焊接工作，通常需要由专业的焊接技术人员全程操作。随着汽车制造企业生产量的增加，焊接工作也随之增多，导致焊接技术人员的工作压力逐渐加大。然而，利用焊接机器人进行焊接作业则能够显著减轻这种压力。技术人员只需编写程序并安装相关焊接工具，整个焊接过程无须人工干预，即可实现全自动化焊接。

在点焊技术的应用中，如果想要利用机器人的自动修复功能，技术人员需要事先设置好自动点击修复器。而在弧焊技术的实施过程中，为了确保焊接质量，技术人员则需要精确地将传感器放置在机器人的相应部位。这些措施旨在提高焊接工艺的稳定性和准确性，确保最终焊接质量符合要求。

（4）零部件搬运

零部件搬运在汽车制造中也是一道重要的工序。随着汽车生产量的不断增加，零部件搬运工作也面临着很大的挑战。在传统的汽车制造中，汽车企业通常采用人工搬运零部件的方式。在这个过程中，难免会有很多大型的零部件，如果使用人工搬运，不仅耗费时间，容易使零部件在搬运过程中受到损坏，而且会威胁到员工的人身安全。工业机器人的出现与应用就可以很好地解决这个问题，其可以不间断地开展搬运、卸载工作，与传统的人工搬运形式相比，不仅效率高，还可以保证安全性。技术人员只需要提前设定好程序，安放好不同区域的零部件，就可以使工业机器人精准地搬运零部件。因此，工业机器人在汽车智能制造生产线中的应用,不仅降低了人工成本,提高了生产安全性,还减少了工作人员的工作量。

（5）汽车检测

汽车出厂前的检测工作至关重要，是汽车企业必须高度重视的环节。在汽车检测中，应用工业机器人能够有效地检测汽车零部件的尺寸大小，并对它们进行分类，从而不需要工作人员花费大量时间进行手动检测，极大地提升了生产效率。工业机器人通过视觉系统和测控系统精准地获取汽车图像信息，然后与设定参数进行比对，分析零部件尺寸与参数之间的误差，并提示误差范围，为后续改进工作提供方便。此外，工业机器人还能够检测汽车对撞击的承受力，以确保汽车的安全性。经过这一系列检测，汽车即可出厂销售。

2. 工业机器人在汽车智能制造生产线中的应用策略

（1）提高一体化程度

在汽车智能制造领域，工业机器人不再是孤立运行的个体，而是必须与各种生产设备密切配合。因此，在智能制造时代，汽车制造企业需要合理规划生产目标，协调好运输设备、数控机床和工业机器人的工作，科学设计生产流程。随着智能化技术的快速发展，工业机器人越来越趋向于高水平的智能化和自动化。因此，必须对生产过程进行标准化控制，进行模块化的软硬件开发，充分发挥工业机器人的优势，以确保整个生产系统具有良好的兼容性。工业机器人的控制系统也需要具备较强的信息处理能力，能够正确理解和解释上位机的具体控制信息，并将其转化为实际操作。在接收到指令后，工业机器人必须与各个功能模块合作完成所需的操作。随着大数据技术的不断发展，为了满足更高水平的生产加工需求，工业机器人的控制系统也在不断优化。如今，只需下发控制功能模板的转换

命令，就可以随意地切换生产场景，无须专门设计特定场合的机器人，这极大地降低了工业机器人的生产和维护成本。

（2）重视系统集成化和仿生功能

随着智能时代的到来，大型自动化设备有望取代传统的人工操作。工业机器人的优势在于能提高生产效率，降低企业风险。通过应用更多的高新科技，工业机器人将得到更好的发展，同时汽车的生产成本也会降低。在工业生产中，机器人大多是模仿人类的手臂，并结合智能管理和信息处理，从而达到自动化操作的目的。目前，工业机器人在信息化和人工智能领域得到广泛应用，其控制系统主要基于软硬件的结合，使得仿真性能及计算能力有了很大的提升，可被更好地引入汽车智能制造生产线。

（3）开发人机交互的经济型工业机器人

随着工业机器人技术的不断进步，工业生产中的诸多控制功能都将通过网络化信息和数据的整合集成到控制单元中，以实现工业机器人的智能化运行和服务。在这个基础上，可以进一步开发和应用视觉成像、机器学习等先进技术，使工业机器人在一定程度上能够替代人类进行决策和判断，从而显著提升生产的安全性和可靠性。在技术创新的过程中，可以采用新型材料来降低机械臂的质量和承载能力，也可以利用计算机模拟等方法对其进行优化，以提高工业机器人的灵活性。

（4）提高对专利申请的重视程度

为了充分把握汽车智能制造行业的发展机遇，应重视国内工业机器人的专利申请工作，加强统筹布局与规划，增强专利布局的前瞻性，从而更好地提高我国工业机器人的竞争力。同时，要打造严密的专利布局网络，规避潜在的知识产权风险，有效保护创新成果。还可对网络大数据进行分析，及时观察和了解国际工业机器人的发展动向，规避专利陷阱，以促进我国工业机器人的良好发展。

（二）工业机器人在电子制造中的应用

在电子制造领域，工业机器人主要应用于电子产品的组装、焊接、检测等工序。随着电子产品的小型化和个性化需求增加，工业机器人也要求具备更高的精度和灵活性，以适应不同产品的生产要求。

1. 电子产品组装

随着科技的不断进步和消费者对电子产品个性化需求的增加，工业机器人必须不断提升自身的精度和灵活性，以满足不同电子产品的制造需求。在这个过程中，工业机器人通过其精密的操作，能够准确地抓取、定位和安装微小的电子元件，如芯片、电阻、电容等，从而保证了产品组装的质量和稳定性。

第一，工业机器人在电子产品组装中发挥关键作用的原因之一在于其高度精密的操作能力。电子产品的制造往往涉及微小尺寸的零部件，因此需要极高的精度才能完成组装。工业机器人具有精密的机械结构和先进的控制系统，能够在毫米乃至亚毫米级别上进行精确定位和操作，确保了电子元件的正确安装位置和角度，从而保证了产品的质量和性能。

第二，工业机器人在电子产品组装中的灵活性也是其不可或缺的优势之一。随着市场需求的变化和新产品的不断推出，电子制造企业需要能够快速调整生产线以满足不同产品的生产需求。工业机器人具有灵活的程序控制和工作模式，能够快速适应不同产品的组装要求，实现生产线的快速转换和生产排程的调整，提高了生产线的灵活性和适应性。

第三，工业机器人的自动化程度也是其在电子产品组装中不可或缺的优势之一。自动化的生产线能够大幅提高生产效率，降低人力成本，减少人为因素对产品质量的影响。工业机器人通过先进的自动化系统和程序控制，能够实现电子产品的全自动化组装，从零部件的供给到产品的包装都可以实现无人操作，极大地提高了生产效率和生产线的稳定性。

2. 电子焊接

工业机器人具备精密焊接的能力，其高度精准的操作和先进的控制系统使其能够在微小的空间内高效、精确地完成焊接任务。这种精密性和准确性对于电子产品的制造至关重要，因为任何焊接偏差都可能导致产品性能下降或者故障。

第一，工业机器人在电子焊接中的应用大大提高了焊接质量和连接稳定性。通过先进的焊接技术和自动化控制系统，机器人能够实现对电子元件的精密焊接，确保焊接质量达到标准要求。工业机器人能够准确控制焊接参数，如焊接电流、电压、时间等，从而实现对焊缝的精确控制，避免焊接过程中的缺陷和质量问题。

第二，工业机器人在电子焊接中的灵活性也是其优势之一。工业机器人可以适应不同材料和焊接方式，如表面贴装技术（SMT）焊接、波峰焊接等，从而满足电子产品制造中的多样化需求。而且，机器人可以根据产品的设计要求和生产排程进行灵活调整，实现不同产品的定制化焊接，提高了生产线的灵活性和适应性。

第三，工业机器人的自动化程度也是其在电子焊接中的重要优势之一。自动

化的焊接过程能够大大提高生产效率，降低人力成本，减少焊接过程中的错误率和风险。工业机器人通过先进的自动化控制系统，可以实现电子产品的全自动化焊接，从焊接准备到焊接完成都可以实现无人操作，提高了焊接过程的稳定性和可靠性。

3. 电子产品检测

在电子产品制造中，工业机器人扮演着至关重要的角色，尤其在产品检测环节中发挥着重要作用。通过装配视觉系统和传感器等先进技术，工业机器人能够实现对电子产品的全面自动化检测和质量控制，为产品的品质提供了可靠保障。

第一，工业机器人利用装配视觉系统能够对电子产品的外观进行高效精准的检测。通过视觉系统，机器人可以对产品的外观缺陷、污渍、划痕等进行实时识别和分析，确保产品外观的完美和一致性。视觉系统的高度精度和快速响应能力，使得机器人能够在生产线上迅速识别并排除任何可能影响产品质量的问题，从而提高了生产效率和产品品质。

第二，工业机器人利用传感器技术实现对电子产品尺寸、连接等关键参数的精密检测。通过在生产线上装配传感器，机器人可以实时监测产品的尺寸、连接状态等关键参数，并将数据反馈至控制系统进行分析和处理。传感器的高灵敏度和准确性确保了检测结果的可靠性，机器人能够及时发现并报告任何尺寸偏差或连接异常，保障产品制造过程中的质量稳定性。

第三，工业机器人在电子产品检测中还能够实现数据的记录和分析，为生产过程的优化提供数据支持。机器人通过记录检测过程中获取的数据，并进行分析和统计，可以发现生产线上的潜在问题和改进空间，为生产流程的持续改进提供了有力支持。通过数据驱动的方式，工业机器人不仅能够提高产品质量和制造效率，还能够降低生产成本，提升企业的竞争力。

（三）工业机器人在食品加工中的应用

工业机器人在食品加工领域具有广泛的应用，例如在食品包装、分拣、搬运等环节。随着食品加工行业对生产效率和卫生安全的要求不断提升，工业机器人在食品加工中的应用也越来越受到重视。

1. 食品包装

（1）包装效率提升

第一，工业机器人在食品包装中展现出了卓越的操作准确性和稳定性。相比传统的人工包装方式，机器人能够以更加精密的姿态和动作，将食品放置在包装容器中，执行密封和贴标签等操作。机器人操作的准确性高，能够确保每个包装过程都达到预期的标准，大大降低了包装过程中出现错误的可能性，提高了包装的质量和稳定性。

第二，工业机器人的高速度和高效率为食品包装带来了明显的提升。机器人能够以更快的速度完成包装任务，相比传统的人工包装方式，大幅缩短了包装周期，提高了包装的生产效率。这对于食品生产企业来说意味着更高的产能和更快的交付速度，有利于满足市场对快速上市和快速响应的需求。

第三，工业机器人的应用还能够实现包装过程的智能化和自动化。通过先进的控制系统和自动化设备，机器人能够实现对包装过程的全程监控和管理，实现了包装过程的智能化控制和自动化执行。这不仅提高了包装的一致性和稳定性，还降低了对人力资源的依赖，减少了人力成本和包装过程中的劳动强度。

（2）卫生标准的确保

第一，工业机器人的操作严格按照卫生标准执行，避免了传统人工操作可能带来的交叉污染和食品质量问题。传统的人工包装方式存在着人为因素带来的潜在风险，如操作员可能带来的微生物感染、空气中的灰尘和细菌等对食品的污染。而工业机器人的应用有效地减少了这些潜在风险，机器人操作无须人工干预，大大降低了污染风险，确保了食品包装的卫生安全。

第二，机器人操作的稳定性和一致性也是保证包装卫生的关键因素。工业机器人的操作过程严格按照预设的程序和参数执行，不受外界因素的影响，保证了操作的稳定性和一致性。相比之下，人工操作受到操作员技术水平和状态的影响，操作的一致性和稳定性较差，容易出现操作失误和食品包装质量不稳定的情况。因此，工业机器人的应用能够更加可靠地保证食品包装的卫生安全性。

第三，工业机器人在包装过程中还能够减少人为操作可能带来的交叉感染风险。传统的人工包装过程中，操作员可能会接触多种食品和包装材料，存在着交叉感染的风险。而工业机器人操作具有高度自动化，操作过程中不会接触其他食品或材料，从而有效地降低了交叉感染的风险，确保了包装过程的卫生安全。

（3）降低人工操作风险

第一，工业机器人的稳定运行大大减少了因人为操作而引起的误操作风险。传统的人工包装过程中，操作员可能因为疲劳、分心或缺乏经验而造成误操作，

从而影响食品包装的质量和安全性。而工业机器人运行稳定、精准，且不受外界因素影响，可以持续高效地执行预设的包装任务，从根本上消除了误操作的可能性，保障了包装过程的稳定性和一致性。

第二，工业机器人的应用降低了人工操作所带来的工伤风险。在传统的人工包装过程中，操作员可能因为长时间重复劳动而导致肌肉疲劳、关节损伤等问题，甚至发生意外伤害。而工业机器人的应用使得人工劳动程度大幅减少，将危险性较高的工作环节交由机器人完成，有效降低了操作员的工伤风险，保障了员工的健康和安全。

第三，工业机器人在包装过程中还能够提供更加安全的生产环境。由于机器人操作自动化、精准，不需要操作人员在现场直接参与，可以减少人员在危险环境下的接触，降低了意外事故的发生概率。同时，机器人操作过程中减少了噪音、粉尘等对员工健康的不利影响，提高了生产环境的整体安全性。

2. 食品分拣

（1）视觉系统识别技术

视觉系统是工业机器人的眼睛，通过高分辨率的摄像头和先进的图像处理算法，能够以与人类视觉相媲美的精度和速度对食品进行识别和分类。

第一，视觉系统利用高分辨率的摄像头对食品进行拍摄，并将图像传输到计算机系统中进行处理。这些摄像头可以捕捉食品的各种特征，如颜色、形状、大小、纹理等，为后续的识别和分类提供了丰富的信息。

第二，计算机系统利用先进的图像处理算法对摄像头拍摄到的图像进行分析和处理，从而提取出食品的特征信息。这些算法包括边缘检测、颜色识别、形状匹配等，能够快速而准确地将食品进行分类，并确定其所属的类别和属性。

第三，视觉系统将处理后的数据传输给工业机器人的控制系统，指导机器人进行相应的动作。根据识别结果，机器人能够准确地抓取并分拣食品，将其送往相应的加工线上，实现自动化的生产和分拣。

第四，通过不断优化和改进视觉系统的算法和硬件设备，工业机器人在食品分拣中的准确性和效率得到了进一步提升。新一代的视觉系统不仅能够识别更多种类、更复杂的食品，还能够适应不同光照条件和环境下的工作，为食品加工行业的智能化和自动化注入了新的活力。

（2）灵活调整和排程

工业机器人的灵活调整和排程能力对于应对这种挑战至关重要。这种灵活性使得企业能够更有效地应对市场需求的变化，从而保持生产线的稳定运行并提高生产效率和竞争力。

第一，工业机器人的灵活调整能力体现在其可编程性和自适应性上。通过先进的编程技术，机器人可以快速地调整和修改工作程序，以适应不同的产品要求和生产场景。这使得企业能够更灵活地应对市场需求的变化，快速推出新品或调整生产线，从而保持竞争优势。

第二，工业机器人的排程能力是实现生产灵活性的关键。通过智能化的排程算法和系统，机器人可以根据不同的生产任务和优先级，自动调整工作顺序和时间安排，确保生产线的高效运转。这种自动化的排程能力使得企业能够更好地利用资源，提高生产效率，同时降低成本和风险。

第三，工业机器人的柔性生产能力也是灵活调整和排程的重要保障。机器人可以根据生产需求进行快速转换和适应，从而实现多样化生产和快速响应市场需求。这种柔性生产能力不仅可以提高生产线的适应性和灵活性，还可以降低企业的生产风险，提高市场竞争力。

（3）降低人力成本

工业机器人在降低食品加工企业人力成本方面具有显著优势。相比传统的人工分拣方式，机器人的应用可以实现人力成本的大幅降低，并带来长期的经济效益。

第一，工业机器人具有高效的工作能力和 24 小时连续工作的特点。机器人不受工作时间和疲劳的影响，可以持续高效地执行分拣任务，从而大幅提高了分拣效率。与需要周期性休息和加班补偿的人工分拣相比，机器人的连续工作能力显著降低了人力成本。

第二，工业机器人的自动化和智能化程度也是降低人力成本的重要因素。通过先进的程序控制和传感技术，机器人能够自动执行分拣任务，无须人工干预。这不仅节省了人力资源，还减少了人为错误和疏忽带来的损失，提高了分拣过程的准确性和稳定性。

第三，工业机器人的一次性投资和长期运营成本相对较低，也是降低人力成本的重要因素。虽然机器人的购置和安装可能需要较高的投资成本，但长期来看，

机器人的使用成本相对较低。而且随着技术的不断进步和机器人市场的竞争加剧，机器人的成本正在逐渐下降，进一步降低了食品加工企业的人力成本压力。

3. 食品搬运

（1）路径规划和搬运技术

工业机器人在食品搬运中运用先进的路径规划和搬运技术，为食品加工企业提供了高效、精准的搬运解决方案。这种技术的应用不仅提高了搬运效率，还确保了食品的安全和质量。

第一，工业机器人利用先进的路径规划技术，能够在复杂的生产环境中确定最佳的搬运路径。通过分析生产场地的布局和食品搬运需求，机器人可以快速计算出最短、最安全的路径，从而最大限度地减少了搬运时间和能耗。这种精确的路径规划能够有效地提高搬运效率，降低了生产成本。

第二，工业机器人采用先进的搬运技术，能够精准地执行搬运任务。机器人配备有高度灵活的机械臂和夹具，可以根据食品的特性和要求进行调整，确保食品在搬运过程中不受损坏或变形。同时，机器人还具备精准的定位和控制能力，能够将食品准确地放置在指定的位置，保证了生产线的连续性和生产效率。

第三，工业机器人在搬运过程中还能够实现自动化的操作和监控。通过先进的传感器和视觉系统，机器人可以实时监测搬运过程中的环境和食品状态，及时发现并处理任何异常情况。这种自动化的搬运操作不仅减少了人为干预的需求，还提高了搬运过程的安全性和可靠性。

（2）减少搬运损耗

在食品加工过程中，搬运损耗是一个常见的问题，它不仅增加了生产成本，还影响了食品的质量和供应链效率。然而，工业机器人的应用可以显著减少这些搬运损耗，为食品加工企业带来了诸多好处。

第一，工业机器人具有高精度的操作能力，能够准确地控制食品的搬运过程。相比人工搬运，机器人能够以更稳定的速度和力度进行操作，减少了食品在搬运过程中的碰撞和摩擦，从而降低了损耗率。这种精准的搬运方式可以有效地保护食品的完整性和质量，减少了浪费。

第二，工业机器人采用先进的传感器和视觉系统，能够实时监测搬运过程中的环境和食品状态。一旦发现异常情况，机器人可以立即停止操作或进行调整，避免进一步的损坏或浪费。这种实时监控和响应能力大大减少了意外事件的发生，保障了食品的安全和质量。

第三，工业机器人还可以通过优化的路径规划和搬运策略，最大程度地减少搬运距离和时间。机器人可以选择最优路径进行搬运，避免了不必要的行进和等待时间，提高了搬运效率和速度。这种高效的搬运方式可以减少食品在运输过程中的停留时间，降低了受污染和变质的风险，进一步减少了损耗。

（3）提高搬运效率

工业机器人的应用在这一领域发挥着重要作用，它们通过自动化、高速、精准的搬运操作，显著提高了搬运效率，从而为食品加工企业带来了多方面的益处。

第一，工业机器人能够实现24小时连续的自动化搬运作业，不受时间限制。与人工搬运相比，机器人不需要休息，也不会因疲劳导致搬运效率下降，可以持续高效地执行任务。这种全天候的搬运操作保证了生产线的稳定运行，避免了因人力搬运带来的时间浪费和生产延误，提高了生产计划的执行效率。

第二，工业机器人具有高速搬运能力，能够在短时间内完成大量的搬运任务。机器人的操作速度通常远快于人工操作，可以在保证搬运质量的前提下，大幅缩短搬运时间，提高了生产线的生产速度和产能。这种高效率的搬运方式有助于缩短生产周期，提前完成订单，满足市场需求，从而增强了企业的竞争力。

第三，工业机器人的搬运操作具有高度的精准性，能够准确地把控每一个细节。机器人通过先进的传感器和视觉系统，可以精确识别、抓取和放置食品，避免了搬运过程中的错误和损耗。这种精准搬运不仅提高了搬运效率，还保证了食品的质量和安全，减少了不必要的损耗和浪费。

第八章　增材制造技术（3D 打印）

第一节　增材制造技术的基本原理与分类

一、3D打印技术的原理

3D 打印技术是一种增材制造方法，与传统的减材制造和等材制造有所不同。在 3D 打印中，通过逐层黏合打印材料来构建所需结构，这与我们日常使用的文档照片打印机类似。

具体来说，首先需要利用计算机进行三维 CAD 建模，将器件的结构数据转化为计算机可识别的形式。然后，3D 打印机按照模型的结构信息，逐层累积材料来制造物体。每一层的厚度决定了打印的最小精度，因此最终打印出的物理模型是原始模型的近似值。

图 8-1 展示了茶杯模型的分层图，这是 3D 打印过程中的一种可视化表示。这个图示清晰地展示了 3D 打印是如何逐层堆积材料来构建物体的过程。

图 8–1　茶杯模型分层示意图

3D 打印技术的出现颠覆了传统制造工艺的模式，将原本以“减材”加工为主的方式转变为“增材”加工，这一转变降低了制造器件外形结构的复杂程度。通过 3D 打印技术，可以真实地制造出三维模型，为微波毫米波系统的制造提供了显著的潜在优势。这些优势包括缩短生产周期、降低开发成本、模型随时可调以及可实现批量生产等。这一改进使得在微波及毫米波范围内打印具有高精度和结构复杂的器件成为可能。

3D 打印技术的实现过程如下：首先，通过三维建模软件获得器件结构的 CAD 模型，然后将该模型导入到 3D 打印机设备中。设备对模型进行离散分层，得到每层截面的二维轮廓信息，并根据这些信息设计出加工路径。接着，系统控制打印喷头对成型材料进行立体堆积，完成初始结构的构建。最后，对该初始结构进行后处理，以满足各个方面的设计要求。

如今，3D 打印机技术已经广泛应用于多个领域，如图 8-2 所示。例如，航天航空领域中可以利用该技术加工涡轮叶片、风道墙板等结构件，在保证强度的同时有效地减轻飞行载荷。医疗领域则可应用于制造人体可植入胶囊、假牙等产品。而在汽车生产领域，3D 打印技术则可用于实现小批量生产和个性化产品制造。这些应用展示了 3D 打印技术在各个领域中的广泛应用前景。

（a）涡轮叶片　　（b）医疗外科工具

（c）球鞋

（d）轮胎

图 8–2　3D 打印相关领域应用

二、3D打印技术的分类及特点

根据打印材料和工作原理的不同，3D 打印技术可以分为多种类型，常见的包括光固化型（SLA、DLP）、熔融沉积型（FDM、FFF）、粉末热熔型（SLS、MJF）、喷墨沉积型（BJ）、电子束熔化型（EBM）等。各种技术都有其特点：

（一）光固化型

光固化型 3D 打印技术是一种基于光敏树脂的制造方法，通过紫外光照射光敏树脂，逐层固化形成物体。其特点主要体现在以下几个方面：

1. 高精度

光固化型打印技术以其卓越的高精度著称，这一特点使其成为制造微小尺寸和复杂结构零部件以及模型的理想选择。其高精度主要得益于光敏树脂的固化方式。在打印过程中，紫外光对光敏树脂进行精确照射，使其快速固化，从而实现了对微小细节和复杂结构的准确表达。这种精度不仅可以满足工程领域对于精密零部件的要求，还在医学、艺术等领域有着广泛的应用。

2. 表面光滑

光固化型打印技术制造出的物体具有表面光滑的特点，这主要得益于光敏树脂的特性。在固化过程中，光敏树脂可以均匀地流动并填充模型的每一个细节，使得表面没有明显的层状痕迹或凹凸不平。因此，不需要额外的表面处理工序，如砂纸打磨或喷涂，节省了时间和成本。这种光滑的表面适用于需要精美外观的产品，如艺术品、模型等。

3. 材料多样性

光固化型打印技术在材料选择上具有灵活性和多样性。光固化树脂可根据不同的需求选择，包括透明、染色、高温耐热等特性。这种多样性使得光固化型打印技术适用于各种不同的应用场景。例如透明的光固化树脂可用于制造透明零件或模型，而染色的树脂则可用于制作装饰品或产品配件。

4. 速度快

光固化型打印技术因其固化方式的特性而具有较快的打印速度。紫外光的快速固化使得每一层的打印时间相对较短，从而有效地提高了整体的生产效率。这种快速的打印速度使得光固化型打印技术更适用于生产周期较紧张的项目，例如需要快速原型制作或小批量生产的场景。

（二）熔融沉积型

熔融沉积型3D打印技术是一种常见的3D打印方法，通过将熔化的塑料丝或颗粒通过喷嘴逐层堆积来形成物体。其特点包括：

1. 低成本

（1）原材料成本低廉

熔融沉积型（FDM）3D打印技术的低成本主要源于其所使用的原材料价格相对较低。通常情况下，FDM打印机使用的原材料是塑料丝或颗粒，这些原材料相对于金属粉末或光固化树脂等其他3D打印技术所使用的材料来说，成本更为经济实惠。这降低了整体的制造成本，使得FDM技术成为一种成本可控的制造方法。

（2）设备成本相对较低

除了原材料成本较低外，FDM打印机本身的制造成本也相对较低。相比于其他类型的3D打印技术，如光固化3D打印或金属3D打印，FDM打印机的制造成本更低。这主要是因为FDM打印机的工作原理相对简单，结构较为简洁，不需要复杂的光学系统或金属粉末处理系统，因此其制造成本更为经济。

（3）降低生产成本

由于FDM技术的低成本特性，使得企业或个人用户可以更加经济地进行产品开发和制造。相比传统的制造方法，如注塑成型或铸造，FDM技术可以大幅降低产品开发的成本，特别是在小批量生产或个性化定制领域，FDM技术具有明显的成本优势。这为企业降低了产品开发的风险和成本压力，促进了创新和产品多样化。

2. 易于使用

（1）操作简便直观

FDM技术的操作相对简单，不需要复杂的预处理步骤，使其适用于不具备专业技能的用户。通常情况下，FDM打印机配备有简洁明了的操作界面，用户只需上传模型文件，设置打印参数，即可开始打印。这种直观简便的操作方式，降低了用户的上手难度，使得更多人可以轻松使用这一技术。

（2）适用于个人和家庭用户

由于FDM技术的易用性，越来越多的个人用户和家庭用户开始使用FDM打印机进行创意设计和个性化制造。无须专业的技术培训或复杂的操作步骤，用

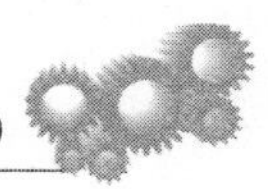

户可以在家中或办公室里轻松进行 3D 打印，实现自己的创意想法。这种 DIY（Do It Yourself）文化的兴起，推动了 FDM 技术的普及和应用。

（3）初学者友好

对于初学者来说，FDM 技术是一种较为友好的选择。相比于其他类型的 3D 打印技术，如 SLA 或 SLS，FDM 技术的操作简单，不需要繁琐的后处理步骤，更容易上手。这使得 FDM 技术成为学校教育和科普推广的理想选择，帮助学生和初学者更好地理解和应用 3D 打印技术。

3. 表面粗糙度较高

（1）层叠结构造成的表面粗糙度

FDM 技术打印出的物体通常表面较为粗糙，主要是由于打印时熔融的塑料通过喷嘴逐层堆积形成的。这种层叠结构造成了物体表面存在明显的层状纹理或凹凸不平。这种表面粗糙度不仅影响了外观质量，也可能影响到一些功能性要求较高的部件的性能。

（2）需要额外的表面处理

为了改善 FDM 技术打印出的物体的表面质量，通常需要进行额外的表面处理工艺。这包括打磨、砂纸抛光、化学溶剂处理等方法，以去除表面的层状纹理和凹凸不平，使得表面更加光滑。然而，这些表面处理工艺会增加生产成本和时间成本，降低了 FDM 技术的经济性和效率性。

（3）不适用于高精度要求的应用

由于 FDM 技术打印出的物体表面粗糙度较高，因此不适用于一些对表面质量和精度要求较高的应用场景。例如需要具备良好外观质量的产品模型或展示品，以及需要具备高精度尺寸的功能性零部件，FDM 技术可能无法满足其要求。在这些应用场景中，通常会选择其他类型的 3D 打印技术，如 SLA 或 SLS，以获得更高的表面质量和精度。

4. 适用范围广

（1）原型制作与概念验证

FDM 技术在原型制作和概念验证领域具有广泛的应用。由于其低成本和易用性，FDM 技术可以快速打印出设计师或工程师的概念模型，用于验证设计理念的可行性和功能性。在产品开发的早期阶段，FDM 技术能够快速迭代设计，节省了开发周期和成本，为产品的最终设计提供了参考依据。

（2）教育与学术研究

FDM 技术在教育领域被广泛应用于教学和科研实验。学校、大学和科研机构利用 FDM 打印机进行科普教育、创客教育和学术研究。学生和研究人员可以利用 FDM 技术打印出各种模型、样品和实验器材，用于课堂教学、科学实验和学术论文研究，促进了科技知识的传播和学术成果的产出。

（3）快速定制和小批量生产

FDM 技术适用于快速定制和小批量生产领域。由于其低成本和灵活性，FDM 技术可以为客户提供个性化定制的产品和服务。企业可以根据客户需求快速制造出样品和小批量产品，满足市场的多样化需求。这种快速定制和小批量生产的模式，有助于降低库存成本、减少市场风险，提高生产效率和灵活性。

（三）粉末热熔型

粉末热熔型（PBF）3D 打印技术是一种利用激光或热源将粉末材料熔化并固化成形的方法。其特点如下：

1. 适用于多种材料

（1）金属材料应用广泛

粉末热熔型 3D 打印技术在金属材料的应用方面表现突出。由于其采用激光或热源将金属粉末精确熔化并固化成形的特点，使得 PBF 技术能够打印出高强度、高耐热性的金属零部件。这些金属材料包括不锈钢、铝合金、钛合金等，广泛应用于航空航天、汽车制造、船舶建造等领域。

（2）陶瓷材料应用潜力巨大

除了金属材料，PBF 技术还适用于陶瓷等非金属材料的打印。陶瓷材料具有优良的耐高温、耐腐蚀等特性，因此在航空航天、化工、医疗等领域有着广泛的应用需求。PBF 技术的发展使得陶瓷材料的 3D 打印成为可能，为相关领域的创新和发展提供了新的机遇。

2. 成品质量高

（1）表面质量优异

PBF 技术因其采用精密的激光或热源进行材料熔化并固化成型，所打印出的成品表面质量优异。相较于其他 3D 打印技术，PBF 打印出的零部件表面光滑，无须额外的后处理，可直接用于实际应用。这种高质量的表面提高了产品的整体质量和外观，符合高端领域的要求。

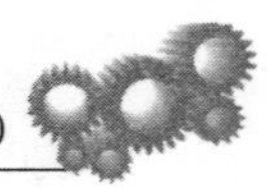

（2）精度可控

PBF 技术具有很高的制造精度，能够满足许多高精度应用的需求。通过精确控制激光或热源的能量和位置，可以实现零部件的精确成形，保证了产品的尺寸精度和几何形状的一致性。这种精度可控性使得 PBF 技术在需要精密制造的行业中得到广泛应用，如航空航天、医疗器械等。

3. 设备成本较高

（1）昂贵的设备投入

PBF 技术所需的设备包括激光器或高温热源、粉末处理设备等，其成本较高。此外，PBF 系统通常需要高度自动化的操作系统和复杂的控制系统，进一步增加了设备的投资成本。这使得 PBF 技术的设备价格相对较高，对于一些中小型企业或个人用户而言，其购买和维护成本可能较为昂贵。

（2）维护和运营成本

除了设备的购买成本外，PBF 技术的维护和运营成本也较高。由于其设备复杂，需要定期进行维护和保养，以确保设备的正常运行和打印质量的稳定。此外，粉末材料和能源消耗也是运营成本的一部分，特别是在大规模生产中，这些成本可能会进一步增加。

4. 适用于复杂结构

（1）实现复杂几何形状

PBF 技术能够实现复杂的几何形状和细微结构，包括薄壁结构、内部通道等。通过逐层堆积和精确熔化的方式，PBF 技术可以打印出具有复杂空间结构的零部件，满足一些特殊工程和设计需求。这种特性使得 PBF 技术在航空航天、医疗器械等领域中得到广泛应用，为产品设计提供了更大的自由度和创新空间。

（2）可打印多孔结构

除了复杂几何形状外，PBF 技术还能够打印多孔结构的零部件。通过合适的工艺参数和材料选择，可以在零部件内部形成精密的孔洞结构，实现轻量化和功能性增强。这种能力使得 PBF 技术在航空航天、汽车制造等领域中得到广泛应用，为产品的性能优化和功能改进提供了可能。

（四）喷墨沉积型

喷墨沉积型 3D 打印技术类似于喷墨打印机，通过喷头喷射黏性材料来逐层叠加形成物体。其特点包括：

1. 适用于生物医学领域

（1）生物相容性材料的应用

喷墨沉积型（IJP）3D 打印技术在生物医学领域的应用主要得益于其能够使用生物相容性材料的特点。这些生物相容性材料包括但不限于生物降解聚合物、羟基磷灰石等，这些材料在人体内具有良好的生物相容性和生物活性，可以被人体组织接受和逐渐降解。因此，IJP 技术可以用于制造生物医学器件，如人工组织、药物释放系统等，为医疗领域的发展提供了重要支持。

（2）个性化治疗的实现

IJP 技术的另一个优势是可以实现个性化治疗。由于其灵活的材料选择和打印方式，医疗从业者可以根据患者的具体情况设计和打印出定制化的医疗器械或药物输送系统。例如可以根据患者的骨骼结构和损伤情况，打印出符合个体化需求的骨科植入物；或者根据患者的药物代谢特点，打印出符合个体化用药需求的缓释药物。

2. 成本相对较低

（1）简单的喷头和材料

相较于其他高成本的 3D 打印技术，IJP 技术的成本相对较低。这主要是因为其所使用的喷头和材料相对简单且成本较低。喷墨沉积型打印机的喷头结构较为简单，不需要复杂的光固化系统或高温熔化系统，因此成本较低。而且，IJP 技术所使用的材料通常也较为常见，价格相对较低，这进一步降低了该技术的制造成本。

（2）促进技术普及和应用

由于成本相对较低，喷墨沉积型技术更容易被初创企业、小型医疗实验室等单位所接受和采用。这促进了技术的普及和应用，为更多的医疗从业者和患者带来了福祉。同时，低成本也降低了技术的风险，使得更多的科研机构和医疗机构可以尝试并投入到相关领域的研发和应用中去。

3. 制造速度较快

（1）快速喷射材料

IJP 技术的制造速度较快，主要得益于其喷头可以快速喷射材料的特点。与其他技术相比，IJP 技术无须等待固化过程，喷头可以直接喷射材料，因此能够实现较快的打印速度。这使得该技术适用于生产周期较紧张的项目，如医疗器械的小批量生产或定制化生产，提高了生产效率。

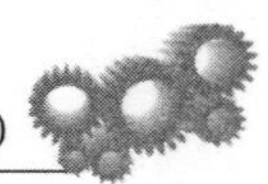

（2）多喷头并行工作

此外，喷墨沉积型技术还可以通过多喷头并行工作来进一步提高打印速度。通过同时运行多个喷头，可以在同一时间内打印出多个相同或不同的零件，有效缩短生产周期，提高了生产效率。这种并行工作方式还可以灵活应对不同的生产需求，提高了技术的适用性和灵活性。

4. 材料选择受限

尽管 IJP 技术具有诸多优点，但其材料选择相对受限。由于需要使用特殊的喷头和材料，因此无法适用于所有类型的物体制造。一些生物相容性材料的可用性和稳定性也可能受到限制，这对于一些特殊应用场景可能存在挑战。不过，随着材料科学的不断进步和技术的不断完善，相信 IJP 技术的材料选择将会不断丰富和完善，为其应用范围的拓展提供了可能。

（五）电子束熔化型

电子束熔化型 3D 打印技术是一种利用电子束熔化金属粉末的制造方法，具有以下特点：

1. 高精度和优异的成品质量

（1）高能电子束熔化的特点

电子束熔化型（EBM）3D 打印技术利用高能电子束对金属粉末进行熔化，具有高度的能量密度和局部加热效应。这种高能电子束的作用下，金属粉末可以被快速、均匀地熔化，形成细小的熔池，并且具有很高的凝固速度。因此，EBM 技术能够实现非常高的精度和优异的成品质量，打印出的零件具有良好的表面质量和几何精度。

（2）适用于高精度零部件制造

由于其高精度和优异的成品质量，EBM 技术特别适用于制造高精度的零部件和复杂的结构。在航空航天领域，例如 EBM 技术可以用于制造涡轮叶片、燃烧室构件等关键零部件，这些零部件对几何尺寸和表面质量要求极高。此外，在医疗器械领域，EBM 技术也可以应用于制造骨科植入物、牙科支架等需要精确匹配患者解剖结构的产品。

2. 材料选择广泛

（1）多种金属材料的应用

EBM 打印技术可以应用于多种金属材料的制造，包括但不限于钛合金、不锈钢、铝合金等。这种材料选择的广泛性使得EBM技术在多样化的应用场景中具有灵活性和适用性。不同的金属材料具有不同的物理性质和工程特性，可以满足不同应用场景的需求，从航空航天到汽车制造，再到医疗器械等领域都有着广泛的应用。

（2）适用于特殊工程要求

每种金属材料都具有其特殊的物理性质和工程特性，因此适用于不同的工程要求。例如钛合金具有优异的耐腐蚀性和高强度，常用于航空航天领域的零部件制造；而不锈钢则具有良好的耐高温性和耐磨性，适用于汽车制造领域的发动机零部件制造。EBM技术的广泛材料选择使得其在满足特殊工程要求的同时，也为制造业的创新提供了更多可能性。

3. 设备和能源成本较高

（1）高成本的电子束设备

尽管EBM技术具有高精度和广泛的材料选择，但其设备和能源成本较高，是其应用受限的主要因素之一。电子束设备本身的制造成本较高，需要精密的电子束发射器和控制系统，同时还需要复杂的操作界面和安全措施。这些因素导致了EBM技术的设备成本较高，使得该技术的投资和维护成本较大。

（2）大量的能源消耗

除了设备成本高，EBM技术对能源的需求也较大。电子束的产生和控制需要大量的能源支持，包括电力和冷却系统。特别是在大规模生产或长时间运行时，能源消耗会进一步增加。这使得EBM技术在一些领域的广泛应用受到限制，主要集中在一些对成本要求不那么敏感、对产品质量要求较高的领域，如航空航天和医疗器械等。

第二节　3D打印技术在机械设计中的应用

一、3D打印技术在零部件制造中的应用案例

（一）3D打印技术在机械零部件模具制造中的革命性应用

零部件模具在各种工业制造的设计、研发、制造等方面扮演着十分重要的角色。3D打印技术的作用逐渐凸显，促进了零部件模具制造行业的健康发展。将

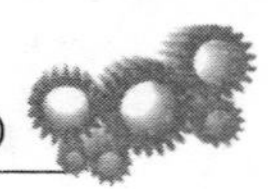

3D 打印技术应用于零部件模具领域，还能利用其超强的复杂构建能力实现传统方式无法实现的技术突破。

1. 技术原理与工作流程

3D 打印技术的核心原理是采用“加材料制造技术”，这与传统的“减材料制造技术”形成了鲜明对比。在 3D 打印过程中，通过逐层堆积材料来构建所需的物体，而不是像传统制造方法那样从一个大块材料中去除多余部分。主流的 3D 打印技术包括 SLA（光固化法）、FDM（熔融沉积法）、SLS（选择性激光烧结法）、3DP（喷墨沉积法）、LOM（层压成形法）等，它们各自有着特定的工作原理和适用范围。

SLA 技术是利用紫外线激光束逐层固化光敏树脂，构建出所需的物体。FDM 技术则是通过将熔化的塑料丝通过喷嘴逐层堆积，形成物体。而 SLS 技术则采用高功率激光束烧结粉末材料，逐层固化，从而构建物体。3DP 技术则是通过喷墨喷射黏性材料来逐层叠加形成物体。LOM 技术则是利用激光或刀片逐层切割堆积的材料，构建出物体的形状。

在工作流程方面，3D 打印通常包括几个关键步骤。首先，需要上传三维模型数据，这可以通过 CAD 软件生成或从现有物体进行扫描获取。然后，设计者需要对打印路线进行设计，确定材料的堆积顺序和路径。接下来，在打印平台上喷射或堆积材料，按照设计的路线逐层构建物体。随后，通过相应的固化或热处理过程，使材料固化和凝固。最后，需要对打印效果进行检查和调整，确保物体的质量和精度达到要求。

2. 与传统制造方法的比较

与传统的模具制造方法相比，3D 打印技术在多个方面展现出明显的优势，这使得它成为当前制造行业的一项革命性技术。首先，传统方法需要使用模具、夹具和机床等设备进行加工，这不仅需要大量的设备投资，还会产生大量的废料和排放，从而增加了成本和环境负担。而 3D 打印技术则不需要这些设备，仅需在一台设备上利用三维设计数据进行打印，因此能够大大减少资源消耗和废料产生，降低了环境负担。

其次，传统制造方法需要经过多道工序，包括模具制造、加工、调试等，整个过程耗时耗力。而 3D 打印技术则是一种快速、灵活的制造方法，可以在短时间内完成产品的制造，大幅缩短了设计制造周期。此外，传统方法在处理复杂形状的零部件时常常面临着制造难度大、成本高的问题，而 3D 打印技术具有超强的复杂构建能力，可以轻松实现复杂形状的制造，从而实现了技术上的突破。

另外，3D 打印技术还具有更高的灵活性和个性化定制能力。传统方法生产的产品通常是批量生产的标准化产品，而 3D 打印技术可以根据客户的需求进行个性化定制，生产出更符合用户需求的产品，为客户提供更加个性化的服务。这种灵活性和定制能力使得 3D 打印技术在医疗、航空航天、汽车等领域得到了广泛的应用，并为产业结构的升级和转型注入了新的活力。

3. 产品设计和生产周期的优势

3D 打印技术在产品设计和生产周期方面的优势不仅体现在其快速实现单件或小批量复杂形状产品的制造能力上，更在于其对整个产品开发流程的革命性影响。首先，传统的产品设计和开发往往需要经过多个阶段，包括设计、制造样品、测试、修改等，这些阶段耗时耗力，而且在每个阶段都可能出现问题，导致需要反复修改和重新制造，从而延长了产品的开发周期。然而，借助 3D 打印技术，设计师可以在短时间内将设计想法转化为实体模型，并进行快速的原型验证和测试，从而加速了产品设计和开发的进程，减少了因设计缺陷或错误而导致的返工和修正次数，大幅缩短了产品的设计周期。

其次，3D 打印技术能够实现个性化定制，为产品设计提供了更大的空间。传统的生产模式往往是大规模的批量生产，产品设计和制造过程受到制造成本和生产效率的限制，因此很难满足消费者个性化的需求。然而，3D 打印技术的出现改变了这一现状，它可以根据客户的需求进行个性化定制，实现“按需生产”，为消费者提供更加个性化的产品和服务。这种灵活的生产方式不仅能够提高客户满意度，还能够降低库存成本和物流成本，从而提高了企业的竞争力和市场占有率。

此外，3D 打印技术还能够快速响应市场需求，提高了企业的市场反应速度。由于 3D 打印技术可以在短时间内完成产品设计和制造，企业可以更快地推出新产品，满足市场需求，抢占市场先机。特别是在一些快速变化的行业，如消费电子、时尚等领域，3D 打印技术的灵活性和快速响应能力更加凸显，为企业带来了更多的商机和竞争优势。

（二）3D打印技术在零件加工中的优势

1.“逐层叠加”的原则

3D打印技术其在进行零件加工时采用的是“逐层叠加”的原则，3D技术的使用能够在很大程度上减少材料的浪费，从而降低零件生产的成本，提高材料的利用效率，缩短加工周期。传统的模具制造过程中，所需的人力、物力和财力都非常多，生产周期较长。在产品量少、复杂和个性化较强时，使用3D打印技术发挥其创新活动蓬勃发展，将金属零部件的传统成形方式与3D打印直接制造方式结合起来，将增材工艺与数字化制造技术结合起来，推出商业化设备，进一步深化基础理论体系，快速开发，扩大3D打印技术在工业领域的应用空间。

零部件模型制造是工业体系中占比最大、应用最为广泛的产品类型，传统制造模式对模具进行3D软件设计，之后修正模型，分析模型，确定分型线和进料点；最后让客户确认设计好的模具再开始生成图纸，设计加工流程和工艺，这样的过程繁琐而复杂，只有使用大规模生产线才可以降低生产成本。如果真正将3D打印发展成为一种可以工业化应用的技术门类，充分发挥其一体成形的特点、用材范围广、制件性能优异及制造环节少的优势，很好地契合金属零部件产品的未来发展趋势，应用多模式的组合方式，就可以有效兼顾金属零部件产品的制造成本和使用价值。组合制造方式可以在一定程度上降低3D打印的成本区间，克服3D打印技术上包括难成形材料的传统制造局限，为零部件模型的增材制造开辟了一条新的途径。

2. 力学性能优势突出

3D打印技术在直接制造金属零部件方面具有突出的力学性能优势。这项技术不仅可以用于直接制造注射模，还能够应用于制造压铸、挤出、热冲压等其他类型的零部件模具。其中，SLM工艺、SLS工艺和DMLS工艺等都是常见的用于制造零部件模具的3D打印技术。这些技术通过充分利用金属熔体在远离平衡态凝固过程中的特性，如晶粒细化和溶质偏析倾向小等，可以获得细密均匀的基体组织，并赋予金属零部件良好的力学性能。

3D打印技术还可以实现零件的整体加工，这为现代结构设计理念中的点阵结构、拓扑优化技术等提供了广阔的应用空间。通过3D打印的自由成形能力，可以将这些设计理念充分发挥，从而实现零部件的轻量化设计。相较于传统制造方法，3D打印技术制造金属零部件的制造过程更为简短，且能够极大地提高制件的轻量化水平。

3D 打印设备操作简便且自动化程度高，操作人员只需对设备进行简单的操作和监控即可完成整个制造过程。这种高度自动化的生产方式不仅提高了生产效率，还降低了人为因素对制造过程的影响，从而提高了制造的一致性和可靠性。这些优势的协同作用，使得 3D 打印技术在可靠性零部件模型制造领域获得了广泛的应用，为制造业带来了革命性的变革。

3. 应用领域广

此外，随着网络技术的不断升级，模具设计人员可以通过互联网将数字化信息直接传至 3D 打印设备直接制造金属零部件，而随着金属粉材牌号、规格的不断扩展和设备核心器件的价格持续降低，3D 打印技术的应用成本也不断降低。未来，不仅可以进行远程零部件模具制造民用高端装备产品，而且可实现多人协同设计制造，提高模具设计效率，还将会为选择性激光熔化技术、激光立体成形技术提供新的应用空间。

（三）3D 打印现存问题及应对策略

1.3D 打印现存的技术问题

3D 打印的原材料较为特殊，必须能够液化、丝化、粉末化，在进行加工时经常会出现一些悬空区，打印后又能重新结合起来。对金属粉末而言，材料的粒度分布、松装密度、氧含量、流动性等性能的要求会更高，这样如果加工工艺参数设置不合理就有可能导致模型产生斜面，以往的机械制造工作存在设计理念落后的弊端，3D 打印技术开发的难点就是材料研制难度大、评价周期长，也是核心问题所在。金属粉末原料如钛合金和高温合金，高规格的原料基本只能依靠进口解决无法满足人们对产品质量、外观等方面的高要求且价格高、周期长，一定程度上限制了企业的发展步伐。这就需转变设计理念，减少台阶现象的出现，全面提升加工产品的稳定性与集成度，适当地调整分层厚度，帮助企业用最小成本创造更大的效益。

举例来说，零部件模型对产品质量的要求较高，在完成零件加工工艺方向之后，如果使用传统加工方式，不仅难度大，进行打印时还需要对所设计模型的结构进行优化，经济效益也难以保障。减少打印支撑是有效的解决措施，3D 打印技术只需几台设备与几个零部件便能完成所有加工任务，通过减少设计结构中的悬臂结构，零部件的质量与稳定性较之传统方法也有大幅度提升，这样可以在很

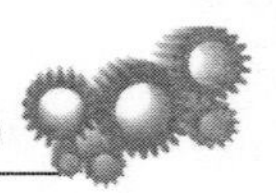

大程度上缩短打印时间，能够提高 3D 打印技术，对所加工零件的尺寸进行合理设计，缩短打印时间，同时推动机械制造行业的快速发展。

2.3D 打印行业标准欠缺

3D 打印行业在标准化方面的不足是当前该领域面临的一个重要挑战。尽管 3D 打印技术已经取得了长足的发展，但由于材料、工艺、设备等方面的多样性和复杂性，导致现有的标准无法完全覆盖所有的应用场景和需求。这种情况在 3D 打印零部件模型的制造中尤为突出。

第一，传统的材料标准并不适用于 3D 打印所使用的材料。由于 3D 打印材料的特殊性，例如粉末状、液态或者是塑料材料，其内部结构和力学性能与传统材料存在明显差异。现有的材料标准无法准确评估和描述这些新型材料的特性，这给 3D 打印行业的发展带来了一定的不确定性和风险。

第二，3D 打印过程中常见的问题如台阶效应等，也缺乏相应的标准来规范和解决。台阶效应是指在 3D 打印过程中，由于逐层堆积造成的表面不平整现象，这会影响到模具零件的制造精度和表面质量。然而，目前尚未有针对这类问题的专门标准，缺乏统一的评价方法和处理方案。

针对这些问题，需要深入地研究和探讨，并制定相应的行业标准。这些标准不仅应该涵盖材料的物理、化学性质，还应该考虑到工艺参数、设备性能和产品质量等方面，以确保 3D 打印技术的稳定性、可靠性和可重复性。同时，应该建立完善的评估体系和监管机制，加强对行业标准的推广和执行，以促进 3D 打印行业的健康发展。

最后，3D 打印行业标准的制定还应该注重与国际标准的对接和协调，避免出现地区性、行业性标准的碎片化，提高标准的通用性和适用性。只有通过制定完善的行业标准，才能更好地规范和引导 3D 打印技术的应用，推动行业的进一步发展和壮大。

二、3D打印技术在定制化产品设计中的应用案例

（一）个性化定制产品

个性化定制产品在汽车行业是一项重要的应用领域，而 3D 打印技术为这一领域带来了革命性的改变。汽车制造商和消费者现在可以更加灵活地设计和生产汽车零部件，以满足不同人群的个性化需求。

1. 内饰配件定制

汽车内饰配件的定制化已成为汽车行业的一项重要趋势，而 3D 打印技术为实现这一目标提供了全新的解决方案。通过 3D 打印技术，消费者可以根据个人喜好和需求定制汽车的内饰配件，例如方向盘、挡把等，从而实现更加个性化的驾驶体验。传统的制造方法在生产工艺和成本上存在一定限制，难以实现复杂或个性化的设计，而 3D 打印技术的出现为这一问题提供了解决方案。

（1）个性化设计的实现

传统的内饰配件制造往往需要通过模具或铸造等方式进行生产，这限制了设计的多样性和灵活性。然而，3D 打印技术通过逐层堆叠材料的方式制造产品，使得设计师可以更加自由地实现个性化的设计。消费者可以根据自己的喜好和需求，通过与设计师沟通，提供自己的设计要求，从而定制出符合个性化需求的内饰配件。这种个性化设计的实现为消费者提供了更多选择的机会，增强了他们对产品的满意度和认同感。

（2）快速原型制作与调整

3D 打印技术的另一个优势在于其快速原型制作和调整的能力。传统的制造方法往往需要花费大量时间和成本来制作产品原型，并且一旦产品设计出现问题，修改起来也相对困难。而使用 3D 打印技术，设计师可以根据客户提供的设计要求，快速制作出符合个性化需求的产品原型。如果在产品原型中发现问题或需要进行调整，设计师只需对数字模型进行修改，然后再次进行 3D 打印，就可以得到更新的产品原型。这种快速原型制作与调整的能力大大提高了产品开发的效率和灵活性。

（3）舒适度与豪华感的提升

个性化定制的内饰配件不仅可以提升汽车的舒适度，还可以增加汽车的豪华感。消费者可以根据自己的喜好选择更加舒适和豪华的材料，如真皮、碳纤维等，定制汽车的方向盘、座椅等内饰配件。这种定制化的内饰配件不仅能够提升汽车的驾驶体验，还可以增加汽车的品质感和附加值。对于一些高端汽车品牌来说，个性化定制已成为吸引消费者的重要竞争优势之一。

2. 汽车外观定制

汽车外观的定制化已成为汽车行业的一个重要趋势，而 3D 打印技术为实现这一目标提供了独特的解决方案。通过 3D 打印技术，消费者可以根据个人的喜

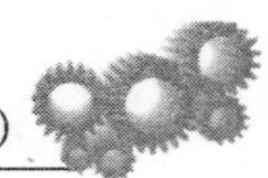

好和需求，设计和定制汽车的外观部件，例如车身装饰件、车顶箱等，从而实现更加个性化和独特的汽车外观。相比传统的制造方法，3D 打印技术具有更高的灵活性和自由度，可以实现更加复杂和精细的外观设计，满足消费者对个性化外观的追求。

（1）满足个性化需求

通过3D打印技术，消费者可以根据自己的个性化需求，定制汽车的外观部件。传统的制造方法通常受到生产工艺和成本的限制，难以实现复杂和个性化的设计。而使用 3D 打印技术，则可以根据客户的设计要求，快速制作出符合个性化需求的产品原型，并在需要时进行调整和改进。这种个性化定制的外观部件可以提升汽车的美观度，满足消费者对个性化的追求，增加车辆的独特性和辨识度。

（2）实现复杂设计

3D 打印技术为汽车外观设计带来了更大的创作空间。传统的制造方法往往受到工艺和成本的限制，难以实现复杂和精细的设计。而使用 3D 打印技术，则可以实现更加复杂和独特的外观设计，包括复杂的曲面和结构。设计师可以通过 3D 建模软件进行设计，并利用 3D 打印技术将设计转化为实体产品。这种实现复杂设计的能力为汽车外观的定制化提供了更多可能性，满足了消费者对个性化外观的追求。

（3）提升车辆品质和辨识度

定制化的外观部件不仅可以提升汽车的美观度，还可以增加车辆的品质感和辨识度。消费者可以根据自己的喜好选择更高品质的材料，如碳纤维、铝合金等，定制汽车的外观部件。这种定制化的外观部件不仅具有更好的耐久性和质感，还可以增加车辆的辨识度，使其在众多车辆中脱颖而出。对于汽车制造商来说，提供个性化定制服务可以增强品牌形象，吸引更多消费者的关注和认可。

3. 定制化车身结构

随着科技的不断进步，汽车行业也在不断探索更加个性化和定制化的解决方案，其中包括使用 3D 打印技术定制化汽车的整个车身结构。这一趋势为汽车制造商和消费者带来了全新的机遇和挑战。通过 3D 打印技术，可以根据消费者的身体尺寸、驾驶习惯和个性化需求，定制汽车的车身尺寸、座椅布局等关键部件，从而实现更加个性化和舒适的驾驶体验。

（1）个性化驾驶体验的实现

传统的汽车设计通常采用标准化的车身尺寸和座椅布局，难以满足不同消费者的个性化需求。而通过 3D 打印技术，可以根据消费者的身体尺寸和习惯，定制汽车的车身结构，包括座椅高度、角度、扶手位置等。这种个性化的设计可以提高驾驶的舒适性和安全性，使驾驶者更加轻松和舒适地驾驶汽车，减少驾驶疲劳和不适感。同时，个性化的车身结构还可以为消费者带来更加个性化的驾驶感受，增强其对汽车的满意度和认同感。

（2）舒适性与安全性的提升

个性化定制的车身结构不仅可以提高驾驶的舒适性，还可以增加汽车的安全性。传统的汽车设计往往采用标准化的座椅布局和车身结构，难以满足不同驾驶者的身体特征和驾驶习惯。而通过 3D 打印技术，可以根据驾驶者的身体尺寸和习惯，定制汽车的座椅和车身结构，使其更加贴合驾驶者的身体曲线，减少驾驶时的颠簸和不适感，提高驾驶的舒适性和安全性。这种个性化定制的车身结构可以减少驾驶者因长时间驾驶而产生的疲劳和不适感，降低驾驶事故的风险，提升汽车的整体安全性。

（3）品牌竞争力的提升

个性化定制的车身结构不仅可以提高汽车的舒适性和安全性，还可以增强汽车品牌的竞争力。随着消费者对个性化的需求不断增加，汽车制造商需要提供更加个性化和定制化的产品来吸引消费者的关注和认可。通过 3D 打印技术，汽车制造商可以为消费者提供个性化定制的服务，满足其对个性化驾驶体验的追求，提高品牌的竞争力和市场份额。这种个性化定制的车身结构不仅可以增加品牌的知名度和美誉度，还可以提升消费者对品牌的忠诚度和信任度，促进品牌的长期发展和持续增长。

（二）医疗辅助器械定制

医疗辅助器械的定制化生产是 3D 打印技术在医疗行业中的重要应用之一。通过 3D 打印技术，可以根据患者的个体特征进行设计和制造各种医疗辅助器械，如义肢、牙齿矫正器等。这种定制化的生产方式不仅能够更好地满足患者的个性化需求，还能够大幅缩短生产周期、降低生产成本，并且实现更复杂和精细的设计。

1. 义肢定制化生产

医疗行业中，义肢的定制化生产一直是一项具有挑战性的任务，而 3D 打印

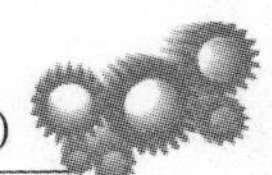

技术的应用为这一领域带来了革命性的解决方案。传统的义肢制作流程繁琐且费时，需要多个步骤，如测量患者的身体尺寸、制作模型、定制零件等，耗费大量时间和金钱。然而，3D 打印技术的出现改变了这一局面，使得义肢的定制化生产变得更为高效、便捷且经济。

（1）定制化设计的便利性

传统的义肢制作过程需要精确测量患者的身体尺寸，然后根据测量结果制作模型，最后再进行定制零件的制造。这个过程繁琐而复杂，容易出现误差。相比之下，利用 3D 打印技术，只需将患者的身体扫描数据导入计算机，即可直接进行义肢的设计和制造。这一过程更为简单快捷，减少了人为因素带来的误差，大大提高了生产效率。

（2）成本和时间的节约

传统的义肢制作需要耗费大量的时间和金钱，包括人工费用、材料费用等。而 3D 打印技术可以大大节约这些成本，因为它不需要像传统制作一样多个环节，也不需要额外的模具或定制工具。只需在计算机上设计好义肢模型，然后直接通过 3D 打印机进行制造即可，大幅缩短了生产周期，降低了制作成本，使得义肢的定制化生产更为经济可行。

（3）设计的创新性与个性化

3D 打印技术的应用还能够实现更复杂和精细的设计，使得义肢不仅更加轻便舒适，还能够更好地适应患者的身体需求。例如一些先进的义肢设计可以通过 3D 打印技术实现更加真实的外观，使得义肢更具自然美感，提升了患者的生活质量和自信心。同时，3D 打印技术也为个性化的义肢设计提供了更大的空间，患者可以根据自己的喜好和需求，定制出符合自己风格的义肢产品，增加了患者对治疗的接受度和满意度。

2. 牙齿矫正器的定制化生产

传统的牙齿矫正器制作过程需要通过模具来进行，这一过程耗时且繁琐，通常需要数周的时间。然而，随着 3D 打印技术的广泛应用，这一情况发生了改变。通过 3D 打印技术，可以根据患者的牙齿模型，直接在计算机辅助设计软件中设计并制造出符合患者口腔特征的矫正器。

这种定制化的制造流程大大提高了生产效率和产品质量。相比传统的制作方法，3D 打印技术不再需要依赖于繁琐的模具制作过程，而是直接将患者的牙齿数据输入到计算机中，通过 CAD 软件进行设计，并在 3D 打印机上进行制造。这样一来，不仅减少了人为因素带来的误差，还大幅缩短了制作周期，使得患者能够更快地开始矫正治疗过程。

此外，定制化的牙齿矫正器能够更好地适应患者的口腔结构，减少了不适感和疼痛。传统的矫正器常常需要经过多次调整才能达到理想的矫正效果，而定制化的矫正器则能够更准确地贴合患者的牙齿，减少了调整的次数，提高了治疗效果和舒适度。这对于患者来说意味着更加舒适的治疗过程和更快速的矫正效果，同时也降低了治疗的不便和痛苦程度。

3. 医疗器械的个性化定制

在医疗器械领域，3D 打印技术的应用不仅局限于义肢和牙齿矫正器，还广泛用于生产各种其他医疗器械的定制化产品，例如支架、括约肌成形器等。这些器械在医疗治疗中起着重要的作用，通过 3D 打印技术定制化生产，能够更好地适应患者的个体特征和病情，从而实现更精准和有效的治疗效果。

传统的医疗器械生产过程通常需要经过复杂的制造流程，包括模具制作、手工加工等多个步骤。而使用 3D 打印技术，则可以直接将患者的医学影像数据输入到计算机中，通过 CAD 软件进行设计，并在 3D 打印机上进行制造。这一过程大大简化了生产流程，减少了制造过程中的人为误差，提高了生产效率。

另外，使用 3D 打印技术生产医疗器械还能够实现更加复杂和精细的设计。传统的制造方式受到工艺和成本的限制，难以实现复杂结构和精细设计。而 3D 打印技术则可以根据设计师的要求，精确地将设计图转化为实体产品，从而实现更加复杂和精细的器械设计。这种定制化的医疗器械能够更好地满足患者的治疗需求，提高治疗的效果和舒适度。

（三）定制化家居用品

家居设计领域是 3D 打印技术的另一个重要应用领域，它为消费者提供了更多个性化定制的选择。通过 3D 打印技术，消费者可以根据自己的喜好和家庭装修风格，定制各种家居用品，如灯具、花盆、家具等，从而打造独一无二的家居环境。设计师利用 3D 打印技术可以设计出更加复杂和具有个性化特色的家居产品，满足消费者不同的审美和功能需求。

1. 定制化家居产品设计

在家居产品设计领域，3D 打印技术的应用为设计师带来了更加灵活和创新

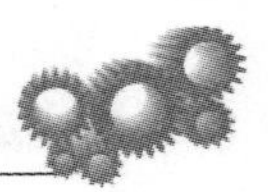

的设计可能性。传统的家居产品设计通常受到制造工艺的限制，这限制了设计师实现复杂结构和独特造型的能力。然而，随着 3D 打印技术的发展和普及，设计师们可以借助这项技术释放他们的创意，设计出更加独特和个性化的家居产品。

使用 3D 打印技术，设计师可以将虚拟的设计想法直接转化为实体产品，而无须受到传统制造工艺的限制。这意味着设计师可以尽情地发挥他们的想象力，创造出更加复杂、独特且具有个性化特色的家居用品。不仅如此，3D 打印技术还能够实现对材料、纹理等方面的精细控制，使得设计师能够创造出更加细致和精美的产品。

对于消费者来说，3D 打印技术的应用也意味着他们可以更加灵活地定制符合自己需求和喜好的家居产品。无论是家具、灯具、花盆，还是装饰品，都可以根据个人的装修风格和空间需求进行定制。这使得家居环境更加个性化，与众不同，为居住者营造出舒适、温馨的居家氛围。例如一些设计师利用 3D 打印技术设计并制造了具有独特造型和结构的家居产品，如特别设计的壁挂装饰、个性化的椅子等。这些产品不仅在外观上独具特色，还能够满足消费者对功能性和美观性的双重需求。而且，由于 3D 打印技术的灵活性，消费者还可以根据自己的喜好对这些产品进行个性化定制，例如调整尺寸、颜色、纹理等，使得产品更加符合个人品位和家居装修风格。

2. 家居灯具的定制化设计

在家居灯具设计领域，3D 打印技术为设计师开辟了更为广阔的创作空间。传统的灯具设计受制于制造工艺的限制，难以实现复杂的结构和独特的造型。然而，随着 3D 打印技术的发展和普及，设计师们可以利用这项技术创造出更加复杂且具有个性化特色的灯具产品。

使用 3D 打印技术，设计师可以将他们的创意直接转化为实体产品，而无须受到传统制造工艺的束缚。这意味着他们可以设计出更加复杂、独特且个性化的灯具，以满足不同消费者的需求和家庭装修风格。从简约现代到复古，从抽象艺术到自然主题，3D 打印技术为设计师提供了无限的可能性，使得灯具产品变得更加丰富多样。

对于消费者来说，定制化的家居灯具意味着他们可以根据自己的喜好和需求选择独特的灯具设计，从而为家居环境增添个性化的氛围。无论是客厅、卧室，还是书房，都可以根据空间需求和装饰风格选择适合的灯具产品。而且，由于

3D 打印技术的灵活性，消费者还可以根据自己的喜好对灯具的尺寸、形状、颜色等进行个性化定制，使得灯具更加贴合自己的审美和功能需求。

此外，3D 打印技术还可以实现灯具的轻量化设计，从而提高产品的节能性能和使用寿命。传统的灯具设计通常需要考虑材料的承重和加工工艺的限制，而使用 3D 打印技术，则可以根据设计需求进行材料的优化设计，使得灯具更加轻盈耐用，同时节约材料和能源资源。

3. 家具的个性化定制

在家具设计领域，3D 打印技术为消费者提供了个性化定制家具的全新选择。除了灯具之外，消费者现在可以根据自己的需求和空间尺寸，定制各种家具，如桌子、椅子、书架等。这一技术的应用使得家具设计不再受制于传统的制造工艺和标准尺寸，而是可以根据个人的审美趣味和使用需求进行定制，为家居环境增添更多个性化和定制化的元素。

通过 3D 打印技术，设计师可以实现更加复杂和精细的家具设计。传统的制造方式通常受到工艺限制，难以实现复杂的结构和独特的造型。然而，使用 3D 打印技术，则可以克服这些限制，将设计师的创意转化为实体产品。这使得设计师可以设计出更具创意和个性化的家具，满足消费者对家居产品美观性和实用性的双重需求。

个性化定制的家具不仅可以提升家居空间的品质和舒适度，还可以增加家居装饰的个性化和特色化。消费者可以根据自己的家庭装修风格和个人喜好选择家具的材质、颜色、形状等方面进行定制，使家具更好地融入整个家居环境中，与其他装饰元素相得益彰，形成统一的美学风格。这种个性化定制不仅提升了家居的整体美感，还增强了家居的个性化和独特性，为消费者带来更加满意和愉悦的居住体验。

（四）定制化鞋类产品

定制化鞋类产品是 3D 打印技术的重要应用领域之一，涵盖了运动鞋和矫形鞋等产品。通过扫描消费者的足部尺寸和形状数据，设计师可以根据个体特征进行定制化设计，并利用 3D 打印技术制造出符合个人需求的鞋类产品。相比传统的鞋类生产方式，定制化鞋类产品具有更好的舒适性和穿着体验，能够更好地适应消费者的脚型和步态。

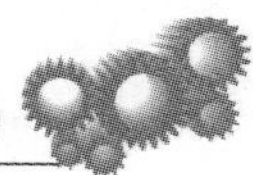

1. 定制化鞋类产品设计

在定制化鞋类产品设计领域，3D 打印技术为设计师带来了前所未有的创作空间和灵活性。传统的鞋类设计受到制造工艺和成本的限制，往往难以满足消费者个性化的需求。然而，随着 3D 打印技术的不断发展和普及，设计师们现在可以根据消费者的足部尺寸和形状数据，实现个性化的设计，并制造出完全符合个人需求的鞋类产品。

3D 打印技术的应用使得定制化鞋类产品的制作过程更加灵活和高效。传统的鞋类生产通常需要大量的模具和人工操作，而使用 3D 打印技术，则可以通过计算机辅助设计软件直接将设计图转化为实体产品，省去了制作模具的步骤，大幅缩短了制作周期。设计师可以根据消费者提供的足部数据，精确地调整鞋类的尺寸、形状和结构，以确保鞋子与消费者的足部完美契合，提高穿着舒适度和性能。

消费者可以根据自己的喜好和运动需求，定制出适合自己的运动鞋。无论是跑步、篮球、足球，还是登山，都可以根据个人的足部特征和运动习惯，定制出符合自己需求的专业运动鞋。设计师可以根据不同运动项目的特点和要求，设计出轻量化、透气性好、缓震性能优越的鞋类产品，以提高运动者的运动体验和效果。

此外，3D 打印技术还可以实现更加个性化和独特的设计。设计师可以根据消费者的审美趣味和个性化需求，设计出独一无二的鞋类产品，从颜色、图案到材质、结构都可以进行个性化定制，使得每双鞋子都成为独一无二的艺术品。

2. 运动鞋的定制化设计

在运动鞋设计领域，3D 打印技术为设计师带来了前所未有的创作可能性和灵活性。传统的运动鞋设计受到制造工艺和成本的限制，难以满足运动者个性化的需求。然而，随着 3D 打印技术的发展和应用，设计师们现在可以根据不同运动项目的特点和运动者的个人需求，设计出更加轻量化、透气性好、缓震性能优越的定制化运动鞋产品。

一项主要的优势是，通过 3D 打印技术，设计师可以根据运动者的足部特征进行个性化设计，从而提高鞋类产品的性能和舒适度。足部的形状、弧度、压力分布等因素对于运动鞋的舒适性和功能性至关重要。传统的生产方式难以实现针对每个运动者足部特征的定制，而 3D 打印技术可以根据个体的足部数据，精确地调整中底和外底结构，以确保鞋子与运动者的足部完美契合，减少不适感和磨损，提高穿着的舒适度和稳定性。

此外，3D 打印技术还为设计师提供了更多的创意空间和灵活性。传统的制造方式往往受到成本和工艺限制，难以实现复杂的结构和独特的设计。而使用 3D 打印技术，则可以将设计师的创意完全实现，设计出更加轻盈、具有艺术感和时尚感的运动鞋产品。设计师可以根据不同运动项目的特点和运动者的个人风格，打造独一无二的运动鞋，从而提高运动者的自信心和品位。

3. 矫形鞋的定制化生产

在医疗领域，3D 打印技术正日益成为矫形鞋定制化生产的重要工具。传统的矫形鞋制作过程通常繁琐耗时，包括测量患者的足部尺寸、制作模型、定制零件等多个步骤。这种制作方式不仅周期长，而且成本较高，限制了矫形鞋的普及和适用范围。然而，随着 3D 打印技术的发展和普及，矫形鞋的定制化生产方式正在发生革命性的变化。

使用 3D 打印技术，设计师可以直接根据患者的个体特征和足部需求进行设计和制造，大幅缩短了生产周期和成本。通过对患者的足部进行 3D 扫描，可以获得准确的足部数据，包括形状、尺寸、曲率等信息。设计师可以利用这些数据，在计算机辅助设计软件中进行个性化设计，根据患者的需求和医生的建议，调整鞋子的结构、支撑点和内部填充物，以确保鞋子与患者的足部完美契合，提高穿着的舒适度和稳定性。

3D 打印技术的应用还使得矫形鞋的设计更加灵活多样。传统的制作方式受到成本和工艺限制，难以实现复杂的结构和独特的设计。而使用 3D 打印技术，设计师可以将复杂的结构和细节直接转化为实体产品，实现更加精细和个性化的设计。患者可以根据自己的审美需求和功能需求，定制出符合自己风格和足部状况的矫形鞋，从而提高了矫形鞋的实用性和美观性。

最重要的是，定制化的矫形鞋可以更好地适应患者的足部特征，解决足部畸形和疼痛问题，提高生活质量。由于每个人的足部形状和状况不同，传统的标准化鞋类产品往往无法满足个性化需求。而定制化的矫形鞋可以根据患者的具体情况进行设计和制造，提供更加个性化、贴合的解决方案，减少患者的不适感和疼痛，提高穿戴的舒适性和稳定性。

三、3D 打印技术在模具制造中的应用

随着技术手段深入发展，3D 打印技术已经在模具制造行业中处于核心地位，

不同于传统模具制造方法，3D打印技术能够从成本、效率和产品制造等方面全面优化模具制造流程，推动模具制造行业从大而硬向小而精转变。

（一）3D打印技术在模具制造中的应用优势

1. 有利于缩短模具加工周期

模具制造作为制造行业的重点内容，将3D打印技术应用于模具制造领域，可以有效缩短模具加工周期，保证产品成型效率和质量。在传统模具制造方式中，主要通过对设计方案进行实物还原，以此来确保产品成型。利用3D打印技术可以率先将设计方案进行数据处理，以计算机软件为依托实现实物模型打印。这大幅缩短了模具生产周期，缩短了加工流程，无须对应制造切削工具与模具。同时通过对计算机三维设计软件的使用，能够保证模具加工灵活性，以自动化形式改变传统模具制造的烦琐过程，确保产品制造结果符合设计初衷。这样既可以通过产品需求及时调整加工方法，还能保证成品质量。

2. 有利于降低模具制造成本

3D打印技术在模具制造中的应用，主要体现在其灵活性和多样性方面。相比传统的模具制造方式，如铣削和注塑，3D打印技术具有更高的灵活性，可以快速制作出各种复杂形状的模具，而无须额外的工艺准备和成本投入。特别是在SLA（光固化型）和FDM（熔融沉积型）技术的基础上，可以实现多种设计方案的尝试和验证。通过在计算机内建模并进行快速打印，可以迅速制造出不同材料组合的模具，实现最优设计方案的选择。

（1）3D打印技术在模具制造中的成本优势

3D打印技术在模具制造中的成本优势主要体现在两个方面：一是材料成本的降低，二是人力成本的节省。通过采用3D打印技术，可以最大限度地降低材料成本投入，因为该技术可以根据实际需要精准控制材料的使用量，避免了传统制造方式中的浪费现象。同时，由于3D打印技术的自动化程度较高，可以减少人力投入和制造过程中的人为错误，从而进一步节省了人力成本。这些成本优势使得采用3D打印技术进行模具制造具有较高的经济性和竞争优势。

（2）3D打印技术与传统制造方式的比较

首先，3D打印技术不同于传统打印方法，其主要工作原理是利用计算机内置软件进行建模，能够保证产品数据的精准性，避免了传统模具制造方式的试错环节，从而节省了原材料和时间成本。其次，采用3D打印技术可以缩短模具制造流程，提高工作效率，实现快速交付和定制化需求。最后，通过3D打印技术的灵活性和多样性应用，可以实现对模具设计方案的多方面优化，进一步压缩成本，提高制造效率，促进了模具制造行业的发展和创新。

3. 有利于推动产品研发定制

3D打印技术工作原理是先利用计算机绘图软件进行模具设计，以不同CAD图形模板来实现模具制造方案的实物化转变。在传统模具制造过程中，需要完成设计图纸绘制、材料试错和数据测量等环节，这使得模具制造流程长、成本高、产品不具备特性。将3D打印技术应用于模具制造中，可以有效推动产品研发方式的革新，实现模具定制化发展。在推动产品研发时，3D打印技术可以利用计算机软件对不同材料进行模拟应用，挖掘出更多适合制造模具的原材料，并通过对材料功能的深入分析掌握详细数据，为制造不同功能模具提供数据支持。同时将3D技术深入对接模具制造，可以实现个性化定制服务，根据客户需求设计独具特点的模具产品，满足客户需求。比如，可以制造教育领域个性化教具、医疗领域医疗器械等，极大限度拓展3D打印技术发展路径，丰富模具制造内容。

（二）3D打印技术在模具制造中的应用方法

1. 直接制造软质模具

软质模具主要通过模具复型工艺来实现实物制造，在传统模具制造领域软质模具具有制作简单、成本低等特点，但是其不适用于精密件制作，基于其材质与模具属性，工件圆角形成困难，压力损失大。但利用3D打印技术可以有效加强软质模具质量，提高制造效率。在制造方法上，主要可以利用以下三种方法。

（1）选取激光烧结砂模方法

利用选区激光烧结技术能够保证软质模具材料的高分子黏结剂熔化，从而将沙砾进行有效黏合。利用选区激光烧结技术制造的砂模，是软质模具的标准模板，无论质量还是功效都与传统软质模具制造方法产品功能相同。

第一，选取激光烧结技术通过激光束对砂砾进行局部加热，使其表面熔化并与周围颗粒黏合。这种局部加热的方式能够精确控制沙砾的形状和密度，从而实现对模具形状和结构的精准控制。与传统的模具制造方法相比，选取激光烧结砂模方法具有更高的制造精度和复杂度，能够制造出更具有优异性能的模具产品。

第二，选取激光烧结砂模方法能够保证软质模具材料的高分子黏结剂熔化，从而实现砂砾之间的有效黏合。这种黏合方式具有高强度和高稳定性，能够确保

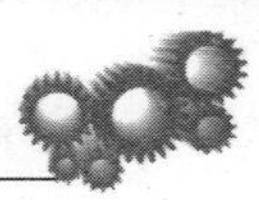

模具在使用过程中不易变形或损坏，从而延长模具的使用寿命并提高生产效率。与传统的软质模具制造方法相比，选取激光烧结砂模方法所制造的模具具有更好的耐磨性和耐腐蚀性，能够适应更复杂和恶劣的工作环境。

第三，利用选区激光烧结技术制造的砂模，可以作为软质模具的标准模板使用，其质量和功效与传统软质模具制造方法所生产的产品相同甚至更优。这种标准模板可以大大提高模具制造的效率和一致性，减少了制造过程中的变异性和缺陷，为企业的生产提供了稳定可靠的模具支持。

（2）DirectAIM 方法

DirectAIM（Direct Additive Injection Molding）方法是一种新兴的制造技术，其起源于 SLA（光固化型）技术体系，主要应用于塑料模具的制造。这种方法通过将光固化树脂注入模具中，并利用激光或紫外线对其进行局部固化，从而形成具有复杂几何形状的模具。与传统的模具制造方法相比，DirectAIM 方法制造的模具具有更高的精度和表面质量，能够满足精细化零件制造的需求。

DirectAIM 方法制造的模具精度较高，这得益于光固化树脂的高精度注入和激光或紫外光的精准控制。因此，它适用于需要高精度零件的制造，如医疗器械、精密仪器等领域。同时，由于其制造过程中采用了逐层堆积的方法，因此可以实现复杂几何形状的模具制造，为产品设计带来了更大的灵活性和创新空间。

然而，DirectAIM 方法也存在一些局限性。首先，与传统注塑模具相比，DirectAIM 方法的成型时间较长，这主要是因为其制造过程中需要对每一层树脂进行精确的光固化处理，导致生产周期较长。其次，由于采用了光固化树脂作为材料，DirectAIM 方法制造的模具在力学性能方面相对较差，无法承受较大的压力和冲击。因此，它主要被应用于对力学性能要求不高、但对几何形状要求较高的复杂模具制造和精细化零件制造领域。

尽管 DirectAIM 方法在模具制造领域存在一些局限性，但其高精度和复杂几何形状制造能力使其在特定应用场景下具有独特的优势。随着技术的不断发展和完善，相信 DirectAIM 方法将会在模具制造领域发挥越来越重要的作用，为制造业的转型升级和产品创新提供更多可能性。

（3）光固化成型法

光固化成型法是一种先进的制造技术，主要以铝粉和环氧树脂为原材料，用于制造模具。这种方法通过液态光敏树脂的光聚合原理进行模具制造，能够保证

模具的机械强度符合使用需求，同时实现复杂外形的制造。在当前的软质模具制造体系中，光固化成型法被认为是技术最为成熟的方法之一。

光固化成型法的核心原理是利用光敏树脂的特性，当受到特定波长的光照射时，光敏树脂分子会发生聚合反应，从而形成固体结构。在模具制造过程中，铝粉和环氧树脂被混合后注入模具中，然后通过光固化技术对其进行局部加热，使光敏树脂发生聚合反应，从而固化成为具有所需形状和结构的模具。这种制造方法具有制造精度高、成型速度快、可实现复杂外形等优点，因此在软质模具制造领域得到了广泛的应用。

与传统的模具制造方法相比，光固化成型法具有诸多优势。首先，它可以实现对模具的高精度制造，能够满足对精细化零件和复杂外形的需求。其次，光固化成形法制造的模具具有较高的机械强度，能够保证在使用过程中不易变形或损坏，从而延长模具的使用寿命。此外，光固化成型法制造的模具还具有较好的耐磨性和耐腐蚀性，能够适应各种复杂和恶劣的工作环境。

2. 间接制造软质模具

随着 3D 技术深入发展，间接制造软质模具逐渐成为软质模具制造体系中的重要内容。有别于直接制造软质模具，间接制造软质模具需要先通过 3D 打印技术将模芯打印出来，围绕模芯通过金属喷涂法、硅橡胶烧铸法和树脂浇铸法来实现模具制造。金属喷涂法是指将熔点较低的金属或合金进行熔化烧铸，并将熔化后的金属液对母模进行喷涂，以此来形成软质模具金属外壳，之后利用 3D 打印技术将不同复合材料根据模具需求进行有效填充，以此来完成模具制造，其主要应用范围在标准零件制造中。硅橡胶烧铸法是间接制造软质模具的核心方法。首先，应将母模表面进行深度清理，确保母模表面平整后在母模表面涂刷脱模剂；其次，待脱模剂风干后将母模固定在型框之中浇注硅橡胶悬浮液；最后，将母模从固定的硅橡胶悬浮液中挖出，让其产生空腔结构，以此为基础填充制造客户需要的功能零件。树脂浇铸法主要将母模放置于砂箱之中，通过数据对母模进行分割标记，保证树脂材料能够完美符合要求，实现模具制造。

3. 直接制造硬质模具

硬质模具作为模具制造行业的重要内容，与软质模具共同成为推动模具制造业发展的关键因素。直接制造硬质模具发展离不开技术手段支持，通过 3D 打印技术能够有效实现模具质量提高和制造效率提升。在具体制造方法使用上，直接

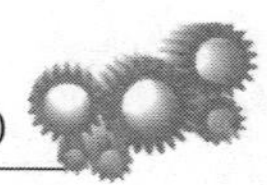

制造硬质模具主要有两种方法：RapidToolTM 技术和金属激光熔融技术。Rapid-ToolTM 技术是一项专利技术，受到专利制度保护。该技术原理是通过应用选区激光烧结技术来完成硬质模具制造，通过此种技术制造的硬质模具能够满足多功能材料需求，是多功能材料产品模具的标准。首先，利用 CAD 软件对模具方案进行数据模拟，通过快速成型技术保证选区激光烧结技术效果，将金属颗粒物进行全面烧结，保证模具符合制造要求。然后，利用计算机模拟软件对材料进行筛选，避免熔点过低或熔点过高的材料对模具成品产生影响。金属激光熔融技术通过高功率激光完成对材料的熔化，并通过模具设计来进行材料添加，保证模具支撑性符合使用标准。模具成型后进行取件、清粉和喷砂，确保模具完整性（见图 8-1）。

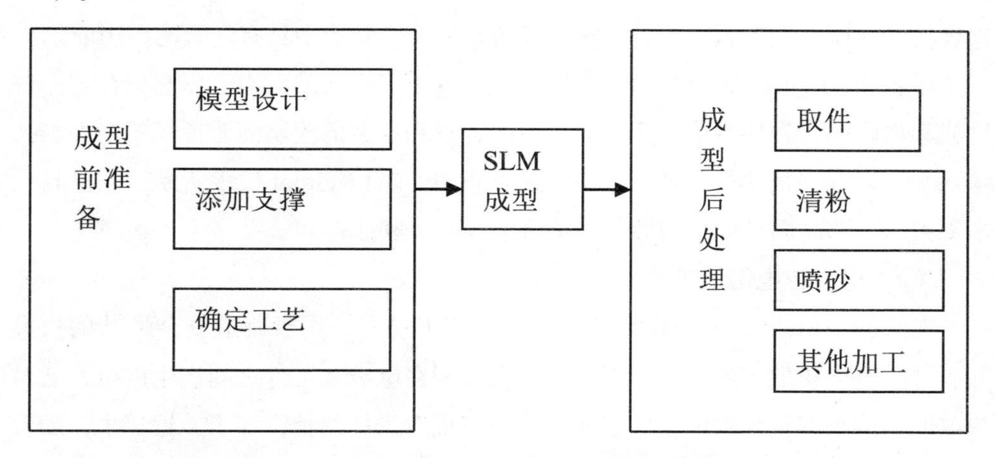

图 8–1　以选择性激光熔化（SLM）工艺为例的模具制造流程图

4. 间接制造硬质模具

间接制造硬质模具能够与直接制造硬质模具形成互补，保证硬质模具制造方法的完善性与科学性，通过不同技术手段实现模具制造。间接制造硬质模具方法主要可以分为以下三种。

（1）3Dkeltool 技术

3D Keltool 技术是由美国 3D Systems 公司开发的一项先进的模具制造技术。该技术主要利用了硅胶模混合金属粉末的方法来实现硬质模具的制作。在制作过程中，首先需要通过 3D 打印技术制造出母模，这个母模的设计需要考虑到最终模具的形状和尺寸。然后，将母模表面喷涂上金属粉末和黏结剂，这一步是确保最终模具凝固后的生坯质量的关键。接着，将喷涂了金属粉末和黏结剂的母模进行烧结，以将金属粉末与黏结剂结合成一体，并将母模中的形状完整地转移到金属粉末的表面上。

在经过烧结后，形成的模具生坯需要进一步的加工处理，以提高其机械性能和表面质量。其中一个关键的步骤是对生坯进行渗铜加工，这项工艺能够增强模具的强度和耐磨性，提高其使用寿命。渗铜加工通过将模具生坯浸泡在铜溶液中，利用铜的液态渗透性质将铜渗入模具表面的微小孔隙中，使得模具表面形成一层坚固的铜质保护层，从而增强了模具的机械性能和耐腐蚀性。

3D Keltool 技术的特点在于，它能够以比传统模具制造方法更为高效的方式制造出复杂形状的硬质模具。相比传统的加工方法，3D Keltool 技术不仅可以减少制造模具所需的时间和成本，还能够实现更高的制造精度和表面质量。因此，这项技术在诸如汽车制造、航空航天等领域的模具制造中具有广阔的应用前景。

尽管 3D Keltool 技术在模具制造领域展现出了巨大的潜力，但它也存在一些挑战和局限性。例如制造过程中对材料的选择和参数的控制需要更高的精度和技术水平，以确保最终模具的质量和性能。此外，3D Keltool 技术所制造的模具在承受大压力和高温环境下的性能尚待进一步验证和改进。

（2）电火花电击加工技术

电火花（EDM）是一种常见的非传统加工技术，用于制造复杂形状的模具和工件。电火花加工的基本原理是利用电脉冲在电极和工件之间产生放电，通过放电的热能来熔化和腐蚀工件表面，从而实现对工件的精密加工。近年来，随着 3D 打印技术的发展，结合电火花加工的 3D 打印技术也逐渐成为一种新的制造方法，被称为电火花电击加工技术。

电火花点击加工技术的运行原理是利用 3D 打印技术制作 EDM 电极，然后使用电极与工件进行电火花放电，通过放电的过程来实现模具的制造。这种技术的关键在于制作高精度、符合设计要求的 EDM 电极。通常情况下，使用 3D 打印技术制造电极时，需要先将电极的设计数据转换为三维模型，然后通过 3D 打印技术制作出具有所需形状和尺寸的电极。

整个电火花点击加工技术的制造流程通常包括以下几个步骤：

① 3D 打印原坯：首先，根据模具设计的要求，利用 3D 打印技术制造出电极的原始坯料。这些原始坯料可以是金属材料、陶瓷材料或者其他适合用于 EDM 加工的材料。

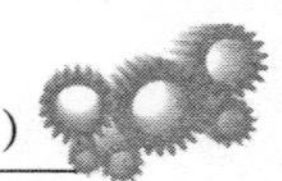

②三维砂轮技术打磨：对于3D打印出的原始坯料，可能存在一些表面粗糙度或不规则形状。为了提高电极的精度和表面质量，需要进行磨削和打磨处理，以使其达到设计要求的尺寸和形状。

③打印石墨电极：经过打磨处理后，将原始坯料转化为石墨电极。石墨具有良好的导电性和热导性，非常适合用于电火花加工的电极材料。通过特定的加工工艺，将原始坯料加工成具有高精度和表面质量的石墨电极。

④形成实际模具：最后，将制造好的石墨电极与工件进行配合，通过电火花放电的过程，在工件表面精确地腐蚀和熔化，从而形成实际的模具或工件。

电火花点击加工技术结合了3D打印技术和电火花加工技术的优势，能够实现对复杂形状的模具和工件的高精度加工。与传统的制造方法相比，这种技术具有加工周期短、生产效率高、制造成本低等优点，因此在航空航天、汽车制造、医疗器械等领域得到了广泛的应用。

（3）Ecotool技术

Ecotool技术是一项应用于环保模具领域的创新技术，致力于在模具制造过程中实现可持续发展和环保的目标。该技术的核心思想是利用材料黏结系统完成3D母模打印，以确保在模具制造过程中最大限度地减少对环境的影响，并同时保证模具的质量和功能。

在Ecotool技术中，关键的一步是利用材料黏结系统来完成3D母模的打印。这种材料黏结系统通常具有水溶性特性，能够在打印过程中有效地固化原材料，形成稳定的模具结构。与传统的模具制造方法相比，这种水溶性的黏结系统能够显著减少对环境的污染，降低对有害化学物质的依赖，从而实现模具制造过程的环保化。

除了环保方面，Ecotool技术还注重在模具表面进行分割线标记。这些分割线标记能够帮助制造者在模具使用过程中更加方便地进行模具分离和组装，提高模具的可维护性和重复使用率。通过在模具表面标记分割线，可以有效减少模具在使用过程中的损坏和磨损，延长模具的使用寿命，减少对新模具的需求，进而减少对资源的消耗，符合环保和可持续发展的理念。

第九章　机器学习与人工智能在机械设计中的应用

第一节　机器学习与人工智能的基本概念与发展历程

一、机器学习和人工智能的基本概念和发展历程

（一）机器学习和人工智能的基本概念

机器学习是人工智能的一个重要分支，其核心概念是让计算机系统从数据中学习并提高性能，而不需要显式地进行编程。通过机器学习，计算机系统可以利用数据和统计技术来识别模式、做出预测、优化决策，以及执行特定任务。人工智能则是一门研究如何使计算机系统具备智能的学科，旨在实现类似于人类智能的各种功能和能力。

1. 机器学习的基本概念

机器学习是人工智能的一个关键分支，其核心思想是让计算机系统通过从数据中学习来改善性能，而无须显式编程。它的实现方法包括监督学习、无监督学习、半监督学习和强化学习等。监督学习通过已标记的数据来训练模型，使其能够预测未知数据的标签或属性。无监督学习则是从未标记的数据中学习，以发现数据中的隐藏模式和结构。半监督学习结合了监督学习和无监督学习的特点，利用部分标记和未标记数据进行训练。强化学习则是通过与环境的交互来学习最优的行为策略，以获得最大的奖励。

2. 人工智能的基本概念

人工智能（AI）是一门致力于研究、设计和开发智能系统的学科。其核心目标是使计算机系统能够模拟人类智能的各种能力，包括感知、推理、学习、规划

和自然语言处理等。随着信息技术的迅速发展和计算能力的不断提升，人工智能逐渐成为信息时代的重要驱动力之一。

人工智能的发展历程可以追溯到20世纪50年代，当时由于计算机技术的崛起和对人类智能的探索，人工智能开始成为一个独立的研究领域。最初的人工智能方法主要基于符号主义（Symbolism），试图通过符号逻辑和推理规则来模拟人类的思维过程。然而，符号主义方法在处理复杂、不确定性和模糊性方面存在局限，因此在20世纪80年代后期，人工智能研究逐渐转向了连接主义（Connectionism）和统计学习（Statistical Learning）等方法。

连接主义模型受到神经科学的启发，试图通过模拟人脑神经元之间的连接和信息传递来实现智能行为。其中，人工神经网络（Artificial Neural Networks，ANN）是连接主义方法的代表之一。ANN模型通过多层神经元之间的连接和权重调节，实现了从输入到输出的复杂映射关系，可以用于图像识别、语音识别等任务。

统计学习方法则侧重于从数据中学习模式和规律，并利用统计模型对数据进行建模和预测。支持向量机（Support Vector Machine，SVM）和决策树（Decision Tree）等算法是统计学习方法的代表。这些方法在处理大规模数据和复杂问题时表现出色，被广泛应用于图像处理、自然语言处理等领域。

近年来，随着深度学习（Deep Learning）技术的兴起，人工智能取得了突破性进展。深度学习是一种基于人工神经网络的机器学习方法，其模型结构包含多个隐藏层，能够自动从数据中学习特征表示。深度学习在图像识别、语音识别、自然语言处理等领域取得了巨大成功，例如，AlphaGo利用深度学习技术击败了围棋世界冠军，引起了广泛关注。

除了深度学习，强化学习（Reinforcement Learning）也是人工智能领域的重要分支之一。强化学习通过智能体与环境的交互，通过试错学习来获取最优的决策策略。该方法在游戏、机器人控制等领域具有重要应用，例如自动驾驶汽车利用强化学习技术进行环境感知和决策。

人工智能已经在医疗、金融、交通、制造等各个领域展现出强大的应用潜力。在医疗领域，人工智能可以用于医学影像分析、疾病诊断、个性化治疗等方面，帮助医生提高诊断准确性和治疗效果。在金融领域，人工智能可以用于风险管理、交易预测、客户服务等方面，提高金融机构的运营效率和风险控制能力。在交通

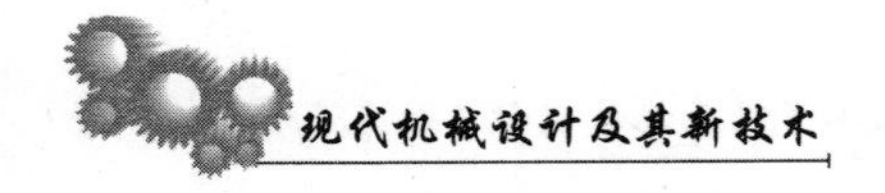

领域，人工智能可以用于交通流量优化、智能交通管控、自动驾驶技术等方面，提高交通系统的安全性和效率。在制造领域，人工智能可以用于智能制造、预测性维护、自动化生产等方面，提高制造业的生产效率和产品质量。

（二）发展历程

机器学习和人工智能的发展可以追溯到20世纪50年代，当时的研究人员开始探索如何使计算机系统具备类似于人类智能的能力。这一时期标志着人工智能的萌芽，研究人员开始尝试利用计算机来模拟和执行一些人类智力任务。然而，早期的人工智能研究主要集中在符号主义方法，即基于规则和逻辑的推理。这种方法虽然在一些简单的问题上取得了一定的成功，但在处理复杂的现实世界问题时遇到了很多困难。

随着时间的推移，20世纪80年代开始出现了连接主义和统计学习等新的方法。连接主义模型受到了神经科学的启发，通过构建神经网络来模拟人类大脑的工作原理，实现了对复杂模式的学习和识别。这一时期出现的一些经典算法和模型，如感知机、多层感知机等，为后来的深度学习奠定了基础。同时，统计学习方法也逐渐受到重视，其核心思想是从数据中学习概率模型和统计规律，以实现预测和决策。统计学习方法的代表包括支持向量机、隐马尔可夫模型等，为机器学习提供了强大的工具和理论支持。

近年来，随着计算能力的不断提升和大数据技术的发展，深度学习作为机器学习的一个分支迅速崛起，成为人工智能领域的热点和主流。深度学习模型利用多层神经网络来学习复杂的特征表示，已经在图像识别、语音识别、自然语言处理等领域取得了突破性的进展。特别是深度学习在计算机视觉和自然语言处理等领域的成功应用，引发了对人工智能技术的广泛关注和应用探索。

（三）应用现状

1. 语音识别和自然语言处理

语音识别和自然语言处理是机器学习和人工智能领域的核心应用方向，它们的发展不仅改变了人机交互方式，也深刻影响了社会和产业的发展。

（1）语音识别的技术原理与应用

语音识别技术旨在将语音信号转换为文本形式，实现对语音信息的理解和分析。随着深度学习技术的发展，基于深度神经网络的语音识别模型取得了显著进展。这些模型能够对语音信号进行端到端的学习和处理，大大提高了语音识别的

准确性和性能。语音识别技术已经被广泛应用于语音助手、智能家居、智能汽车等领域，为人们提供了便捷的交互方式，并极大地改善了生活和工作效率。

（2）自然语言处理的技术原理与应用

自然语言处理（Natural Language Processing，NLP）是人工智能领域的重要分支，旨在使计算机能够理解、分析和生成自然语言文本。NLP技术涉及诸多任务，包括词性标注、句法分析、语义理解、机器翻译等。NLP技术被广泛应用于智能客服、智能翻译、情感分析、舆情监测等领域，为企业和组织提供了更高效、更智能的服务和决策支持。

2. 图像识别和计算机视觉

图像识别和计算机视觉技术的快速发展已经深刻改变了许多行业和领域，为人类社会带来了巨大的变革和进步。

（1）技术原理与发展历程

图像识别和计算机视觉技术的发展源于对模式识别和人工智能的研究，其目标是使计算机系统能够理解和处理图像、视频数据。早期的图像识别技术主要基于传统的特征提取和机器学习算法，如SIFT、HOG等。然而，这些方法在复杂场景和大规模数据下的表现有限。

随着深度学习技术的兴起，特别是卷积神经网络（CNN）的成功应用，图像识别和计算机视觉取得了显著进展。CNN模型通过多层次的卷积和池化操作，能够自动学习和提取图像中的特征表示，从而实现图像分类、目标检测、语义分割等任务。深度学习技术的发展使得图像识别和计算机视觉在性能和准确度上达到了前所未有的高度。

（2）应用领域

图像识别和计算机视觉技术在各个领域都有广泛的应用。在智能安防领域，图像识别技术被用于人脸识别、行人检测、异常行为检测等任务，提高了监控系统的智能化和效率；在医疗影像分析领域，计算机视觉技术可以帮助医生诊断疾病、分析医学影像，如结构化报告生成、病灶检测等，提高了医疗诊断的准确性和效率；在自动驾驶领域，图像识别和计算机视觉技术是实现车辆感知和环境理解的关键，可以识别道路标志、检测障碍物、行人等，保障了自动驾驶系统的安全性和可靠性。

3. 数据挖掘和预测分析

数据挖掘和预测分析技术的应用已经成为当今社会中不可或缺的一部分，它们通过深入挖掘和分析数据，为企业和组织提供了宝贵的信息和洞察力。

（1）技术原理与方法

数据挖掘和预测分析的核心目标是从大规模数据中发现有用的模式、关系和规律，以支持决策和预测未来趋势。这一过程涉及多种技术和方法，包括：

①数据预处理：数据清洗、转换和集成是数据挖掘的关键步骤，这些过程可以去除噪声、处理缺失值、转换数据格式等，为后续分析提供干净、完整的数据集。

②特征提取与选择：在数据挖掘过程中，选择合适的特征对于模型的性能至关重要。特征提取和选择技术旨在从原始数据中提取出最具代表性和相关性的特征，以用于建模和分析。

③机器学习算法：机器学习算法是数据挖掘和预测分析的核心工具之一，包括监督学习、无监督学习和半监督学习等方法。常用的算法包括决策树、支持向量机、神经网络、聚类算法等。

④模型评估与优化：在建立预测模型之后，需要对其进行评估和优化，以确保模型的准确性和泛化能力。常用的评估指标包括准确率、精确率、召回率、F1值等。

（2）应用领域

数据挖掘和预测分析技术已经在各个领域得到了广泛的应用。在金融领域，这些技术被用于制定风险模型、股票价格预测、信用评分等，帮助投资者和金融机构做出更加准确和及时的决策。在电商领域，个性化推荐系统利用用户行为数据和商品信息，为用户提供个性化的购物推荐，提高了用户购买转化率和满意度。在医疗健康领域，数据挖掘和预测分析技术被用于疾病风险预测、诊断辅助、药物研发等，为医生和患者提供了更好的医疗服务和治疗方案。

二、机器学习和人工智能在工程领域中的应用现状

（一）预测和优化

1. 机器学习在产品性能优化中的应用

（1）建模与预测

在工程领域，机器学习算法的应用在建模和预测方面发挥着关键作用。通过

收集大量的实验数据和产品参数，工程师可以利用机器学习算法构建复杂的预测模型，从而深入分析产品的各项性能并预测不同参数设置下的产品表现。这种建模和预测的方法为工程设计提供了全新的视角和解决方案，使得产品设计更加精准和高效。

第一，机器学习算法能够处理大规模、高维度的数据，为工程领域中复杂多变的问题提供了强大的解决手段。通过对数据的学习和分析，机器学习算法可以挖掘数据之间的潜在关系，识别出影响产品性能的关键因素，并将这些因素纳入建模和预测过程中。

第二，机器学习算法能够实现高度自动化的建模和预测过程，从而减少了人工干预的需求，提高了工程设计的效率和准确性。工程师只需提供原始数据和所需的预测目标，机器学习算法便能够自动选择合适的模型、训练模型并进行预测，极大地简化了建模过程。

最重要的是，机器学习算法可以进行深度学习和模式识别，能够发现数据中隐藏的复杂规律和特征，提高了预测模型的精度和可靠性。这种能力使得工程师能够更准确地预测产品的性能表现，并在设计阶段及时发现潜在的问题和改进空间，从而避免了后期不必要的调整和成本增加。

（2）决策支持

利用机器学习预测模型进行产品性能优化，不仅为工程师们提供了决策支持，而且在产品设计和制造过程中发挥着关键作用。这些模型通过对大量数据的学习和分析，能够准确地预测不同因素对产品性能的影响，为工程师们提供了深入洞察产品行为特性的机会，从而指导决策并推动产品的持续改进和优化。

第一，机器学习预测模型能够帮助工程师们全面了解产品的性能特征。通过对模型的分析，工程师们可以深入了解不同因素之间的关系，识别出对产品性能影响最大的关键因素。这种全面的了解有助于工程师们制定出更加有效的产品优化策略，从而提高产品的竞争力和市场占有率。

第二，机器学习预测模型为工程师们提供了量化的数据支持，使得决策过程更加科学和准确。通过模型预测得到的数据，工程师们可以对不同方案进行比较和评估，选择最优的方案来实现产品性能的优化。这种基于数据的决策过程不仅能够降低决策风险，还能够提高决策的效率和准确性。

最重要的是，机器学习预测模型能够实现持续的产品性能监测和优化。通过对实时数据的监测和分析，模型可以及时发现产品性能的变化和异常情况，并提供相应的优化建议。这种持续的监测和优化过程保证了产品性能的稳定性和可靠性，使得产品能够持续满足市场和客户的需求。

2. 工程系统效率的提高

（1）复杂关系的优化

复杂关系的优化在工程系统中是一个具有挑战性的问题，因为工程系统通常由多个相互关联的部件组成，这些部件之间的关系错综复杂，而且受到各种因素的影响。传统的优化方法往往难以全面考虑到这些复杂的关系，因此需要借助机器学习等先进技术来解决这一问题。

第一，机器学习算法通过对系统的大量数据进行学习和分析，能够挖掘出隐藏在数据背后的规律和模式。这种数据驱动的方法可以帮助工程师更好地理解工程系统内部的复杂关系，发现其中的优化潜力。例如在制造业中，利用机器学习算法可以对生产线的运行数据进行分析，找出影响生产效率的关键因素，并提出针对性的优化措施，从而提高生产效率和资源利用率。

第二，机器学习算法还可以实现对工程系统的模型建立和预测。通过建立工程系统的模型，模拟和预测不同因素对系统性能的影响，从而指导系统的优化设计。例如复杂的工业生产过程，可以利用机器学习算法建立生产过程的模型，预测不同参数设置下的生产效率和质量表现，以指导生产过程的优化调整。

第三，机器学习算法还可以实现自动化的优化决策。通过将机器学习算法与智能控制系统相结合，实现对工程系统的实时监测和智能调节，从而实现对系统性能的动态优化。例如在能源系统中，可以利用机器学习算法实现对能源消耗的实时监测和预测，然后根据监测结果自动调整系统运行参数，以实现能源消耗的最优化。

（2）新思路与方法

在各个领域，机器学习算法都展现出了其独特的价值和应用潜力，为工程系统的优化注入了新的活力。

第一，机器学习算法可以通过对大量数据的学习和分析，发现隐藏在数据背后的规律和模式。传统的优化方法往往依赖于人工经验和理论假设，很难充分考虑到系统内部的复杂关系。而机器学习算法能够利用数据中的信息，自动发现和学习系统的特征，从而提出更加精准和有效的优化方案。例如在制造业中，机器

学习算法可以分析生产过程中的各种参数和变量之间的关系，发现影响生产效率和产品质量的关键因素，为生产过程的优化提供指导。

第二，机器学习算法具有高度的灵活性和适应性，可以根据不同的问题和数据特点选择合适的算法和模型。在工程系统的优化中，往往需要处理大量复杂的数据和变量，传统的优化方法往往无法处理这种复杂性。而机器学习算法可以根据具体问题的特点选择合适的算法和模型，从而更好地适应不同的优化任务。例如在能源领域，机器学习算法可以根据能源消耗数据的特点选择适当的回归模型或分类模型，预测未来的能源消耗趋势，并提出相应的节能减排策略。

第三，机器学习算法还可以实现对工程系统的实时监测和智能控制，从而实现对系统性能的动态优化。传统的优化方法往往是静态的，只能根据静态的数据和模型进行优化决策，无法适应系统运行过程中的变化。而机器学习算法可以实时监测系统运行状态和环境变化，及时调整优化策略，使系统保持在最佳状态。例如在智能制造领域，机器学习算法可以实时监测生产设备的运行状态和生产质量，调整生产参数和工艺流程，最大限度地提高生产效率和产品质量。

（二）自动化设计

1. 基于机器学习的自动生成设计方案

（1）用户需求分析

在工程设计领域，利用机器学习算法实现自动生成设计方案是一种高效且前沿的方法。这种方法不仅能够提高设计效率，还能够根据用户的需求生成具有一定创新性和优化性能的设计方案。在这个过程中，用户需求分析是至关重要的一步，它为系统理解和满足用户的设计需求提供了基础和指导。

第一，用户需求分析涉及对用户输入的参数和需求进行深入分析和理解。这些参数和需求可能涉及设计的功能、性能、成本、时间等方面。通过对用户需求的仔细挖掘和理解，系统可以准确地把握用户的设计目标和约束条件。例如在建筑设计中，用户可能需要一个满足特定功能需求、符合预算限制，并且具有特定美学特征的建筑方案。系统需要通过分析用户的输入，理解用户的设计偏好和约束条件，为后续的设计过程提供指导。

第二，用户需求分析可以帮助系统建立设计问题的数学模型或优化目标函数。通过将用户需求转化为数学形式，系统可以更好地理解和描述设计问题，为后续的自动生成设计方案提供了基础。例如在工程设计中，用户可能提出了一系列设计要求，如最小化材料成本、最大化结构强度等。系统可以将这些要求转化为数学模型或优化目标函数，从而为设计过程提供了明确的目标和约束条件。

第三，用户需求分析还可以帮助系统确定合适的设计策略和算法。根据用户需求的不同，系统可以选择合适的设计方法和优化算法，以生成满足用户需求的设计方案。例如针对不同的设计目标和约束条件，系统可以选择遗传算法、粒子群算法等优化算法进行设计优化。这些算法可以在设计空间中搜索最优解，以满足用户的设计要求。

（2）设计方案生成与优化

设计方案的生成与优化是机器学习算法在工程设计领域的核心应用之一，它通过对已有数据的学习和分析，为用户提供满足需求的设计解决方案。在这个过程中，系统会考虑多种因素，并运用优化算法来进一步提升设计方案的质量和性能。

第一，设计方案的生成需要考虑到用户的需求和设计要求。这些需求和要求可能涉及设计的功能、性能、成本、时间等多个方面。基于用户提供的输入，系统可以从已有的设计数据库中挑选最优方案或者利用生成算法生成新方案。例如在产品设计中，系统可以根据用户的需求和产品特性，自动生成具有特定功能和美学特征的产品方案。

第二，设计方案的生成过程中，系统需要考虑到各种因素的影响。这些因素可能包括设计目标、材料特性、制造工艺等。系统可以通过对这些因素的分析和权衡，生成满足设计要求的设计方案。例如在汽车设计中，系统可以根据用户的需求和车辆的性能要求，自动生成具有合适车身结构和发动机布局的汽车设计方案。

第三，生成的设计方案可以通过进一步的优化来提升其质量和性能。优化算法可以对设计方案进行调整和改进，以使其更加符合设计要求和用户期望。例如在工程结构设计中，系统可以利用优化算法对结构进行优化，以提高结构的强度和稳定性，同时降低材料成本和制造成本。

2. 设计优化的实时反馈与改进

（1）实时监控和反馈

机器学习算法可以实现对设计过程的实时监控和反馈。在设计过程中，系统会不断收集和分析设计数据，并根据反馈结果调整设计方案。这种实时反馈机制

可以帮助设计师及时发现问题并进行改进。例如在工程结构设计中，机器学习算法可以实时监控结构的应力分布情况，并根据监测结果提出改进建议。

（2）设计流程优化

通过不断地实时反馈和改进，可以逐步优化设计流程，提高设计效率和质量。机器学习算法可以分析设计过程中的瓶颈和问题，并提出相应的解决方案。例如在软件开发领域，可以利用机器学习算法对代码编写过程进行监控和优化，从而提高软件的开发效率和质量。

（三）故障诊断与维护

1. 实时监测和分析设备运行状态

（1）传感器数据采集与监测

在工程领域，机器学习技术被广泛应用于实时监测和分析设备的运行状态。首先，通过安装传感器设备，可以实时采集设备的运行数据，包括温度、压力、振动等参数。这些传感器数据可以反映设备的运行状态和健康状况。

（2）机器学习算法应用

利用机器学习算法对传感器数据进行分析和处理，可以实现对设备运行状态的实时监测。例如可以利用监督学习算法建立设备的健康模型，通过监测设备参数的变化来判断设备是否存在异常。同时，无监督学习算法也可以用于对设备数据的聚类和异常检测，帮助工程师及时发现潜在的故障隐患。

2. 预测性维护策略的制定

（1）基于数据的故障预测

通过机器学习算法对设备运行数据进行分析，可以预测设备可能出现的故障和问题。通过建立设备的预测模型，可以根据设备的运行状态和历史数据来预测设备未来的性能变化，为故障诊断和维护提供依据。

（2）维护策略优化

基于机器学习算法得到的预测结果，可以制定相应的维护策略。例如预测到的设备故障，可以提前安排维修工作，以减少停机时间和生产损失。同时，针对不同类型的故障，可以制订相应的维护计划和维修方案，以提高维护效率和设备可靠性。

（四）智能控制系统

1. 自适应控制和优化调节

（1）实时数据学习与分析

智能控制系统利用机器学习算法，可以对系统的实时数据进行学习和分析。通过收集传感器数据和系统参数，系统可以了解当前系统的运行状态和环境条件。

（2）自动调整控制参数

基于机器学习算法学习到的模式和规律，智能控制系统可以自动调整控制参数，以实现对复杂系统的自适应控制和优化调节。例如针对不同的工作负载和环境变化，系统可以根据学习到的模型调整控制策略，使系统能够在各种工况下保持稳定性和性能。

2. 提高系统稳定性和性能

（1）应对复杂环境挑战

智能控制系统的应用可以显著提高工程系统的稳定性和性能。由于工程系统经常面临复杂多变的环境和工作条件，传统的控制方法往往无法有效应对这些挑战。而基于机器学习的智能控制系统可以通过对系统的学习和适应，更好地应对各种外部干扰和内部变化，提高系统的稳定性和鲁棒性。

（2）优化系统运行效率

智能控制系统通过实时监测和分析系统运行数据，可以优化系统的运行效率。系统可以根据学习到的模式和规律，调整控制策略，最大程度地提高系统的能源利用率和生产效率，降低系统的运行成本和资源消耗。

第二节　机器学习与人工智能在机械设计中的实际应用

一、机器学习算法在产品设计优化中的应用案例

在产品设计优化方面，机器学习算法的应用极大地提高了设计效率和产品性能。以下是三个典型案例：

（一）设计优化参数识别

某汽车制造公司面临着提升汽车性能、降低成本和提高竞争力的挑战。为了应对这些挑战，他们决定利用机器学习算法对汽车车身设计数据进行深入分析，

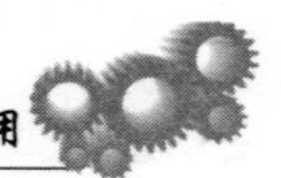

以识别出影响整体性能的关键设计参数，并通过优化这些参数来实现车身结构的轻量化，提升汽车的燃油经济性和安全性。

1. 数据分析与参数识别

在汽车制造业，数据分析和参数识别是关键的环节，直接影响产品的性能和市场竞争力。某汽车制造公司通过收集大量车身设计数据并利用机器学习算法进行深入分析，成功地识别出了影响整体性能的关键设计参数，这一过程是一个复杂而又关键的数据处理过程。

首先，该公司通过建立数据采集系统，收集了涵盖车身结构各项参数和性能指标的大量数据。这些数据包括但不限于车身材料、结构强度、重量分布和生产成本等因素，涵盖了汽车设计和生产过程中的各个方面。

接着，利用机器学习算法对这些海量数据进行分析成为关键的一步。通过机器学习算法的应用，公司得以从数据中提取出对整体性能影响最为显著的关键设计参数。经过深入的分析，他们发现车身结构的材料强度、重量和造价是影响汽车性能的关键因素。这些参数不仅直接影响汽车的安全性和燃油经济性，还对汽车的成本产生重要影响，因此在设计优化过程中具有特殊的重要性。

在参数识别的基础上，该公司可以进一步对这些关键参数进行优化。通过采用先进的设计工艺和材料，他们可以实现车身结构的轻量化，并在不影响安全性的前提下提升汽车的燃油经济性。同时，通过优化造价相关参数，他们也能够降低生产成本，提高产品的市场竞争力。

2. 参数优化与成果展示

在参数优化与成果展示方面，汽车制造公司展现了其在技术和创新方面的领先地位。通过对关键设计参数的优化，他们在车身结构轻量化、燃油经济性和成本控制等方面取得了显著的成果，为公司的产品质量和市场竞争力带来了显著的提升。

首先，该公司采用了先进的设计工艺和材料，实现了车身结构的轻量化。这一举措不仅有助于降低汽车的整体重量，提升了汽车的操控性和加速性能，还可以减少燃油消耗，提高汽车的燃油经济性。通过对车身结构的精细优化，他们成功地实现了产品性能的整体提升，使得汽车在市场上更具竞争力。

其次，该公司通过优化造价相关参数，成功地降低了生产成本。通过控制原材料的选择、生产工艺的优化和供应链的管理等手段，他们有效地降低了产品的生产成本，提高了企业的利润空间。这一举措不仅有助于提高企业的盈利能力，还可以降低产品的售价，增加产品的市场竞争力，从而进一步提升了企业的市场占有率。

3. 结果与影响

通过设计优化参数识别和优化，该汽车制造公司实现了产品性能和成本的双重提升，取得了显著的成果和深远的影响。首先，在产品性能方面，公司的汽车产品在燃油经济性、安全性和驾驶体验等方面实现了质的飞跃。优化后的车身结构轻量化设计降低了车辆的整体重量，使得汽车更加节能环保，提高了燃油经济性，符合现代消费者对于环保节能的需求。同时，车身结构的优化设计提升了汽车的安全性能，为驾驶员和乘客提供了更加可靠的保护，增强了消费者对产品的信任度和满意度。

其次，在成本控制方面，通过优化设计参数和生产工艺，该公司成功降低了产品的生产成本，提高了生产效率和企业的盈利能力。采用先进的设计工艺和材料，优化的车身结构设计不仅降低了原材料的使用成本，还减少了生产过程中的废料产生，降低了生产成本。这些成本节约的优势使得公司在市场上具有更大的竞争优势，能够提供价格更具竞争力的产品，从而吸引更多的消费者，扩大市场份额。

此外，该汽车制造公司的成功案例也对整个汽车行业产生了积极的影响。其创新的设计理念和成功的实践经验为其他汽车制造企业提供了宝贵的借鉴和参考，推动了整个汽车行业向更加环保、智能化和可持续发展的方向迈进。这不仅有助于提升整个汽车行业的技术水平和竞争力，还有利于促进行业的健康发展和持续繁荣。

（二）多目标优化

在航空航天工程中，设计飞机机翼是一个复杂而关键的任务。一架飞机的机翼设计需要考虑多个设计目标，包括升力、阻力、燃油消耗和制造成本等。这些目标之间存在着复杂的相互影响和权衡关系，因此寻找最优的机翼设计方案成为一项具有挑战性的任务。

1. 多目标优化算法与机器学习技术的融合

航空航天公司面临的飞机机翼设计挑战是一个复杂而具有多个设计目标的问题。为了应对这一挑战，他们采用了多目标优化算法与机器学习技术相结合的方

法，以提高设计效率和产品性能。

第一，他们利用机器学习算法对大量的飞机设计数据进行分析和学习。这些数据包括了飞机机翼的各种设计参数，以及与性能相关的数据。通过机器学习算法，他们能够从这些数据中挖掘出对机翼性能影响最大的关键设计参数。这些参数可能涉及机翼的几何形状、翼型、翼面积等方面，对于飞机性能具有重要影响。

第二，航空航天公司利用多目标优化算法来寻找最优的机翼设计参数组合。这些优化算法可以是遗传算法、粒子群优化算法等。在设计过程中，这些算法能够自动搜索最优的设计方案，使得飞机在满足多个设计目标的同时，尽可能地优化性能。

在算法的引导下，设计团队能够在多个设计目标之间进行权衡和优化。例如在考虑飞机的升力、阻力、燃油消耗和制造成本等多个目标时，设计团队可以通过调整设计参数来平衡这些目标之间的关系，以寻找最佳的设计方案。

这种多目标优化算法与机器学习技术的融合，为航空航天公司提供了一种高效的设计方法。通过这种方法，他们能够更快速地找到最优的机翼设计方案，提高飞机的性能和竞争力。同时，这种方法也为其他领域的多目标优化问题提供了有价值的借鉴和参考。

2. 成果与应用价值

多目标优化算法与机器学习技术的融合在航空航天领域的应用取得了显著的成果，为航空航天工程的发展和进步带来了新的思路和方法。通过这一融合技术的应用，航空航天公司获得了以下几方面的成果和应用价值：

第一，他们成功地得到了一组在设计目标范围内的最优机翼设计方案。这些设计方案不仅能够满足飞机的各项性能指标，还能够在最大程度上降低制造成本和燃油消耗。这意味着飞机的性能和经济性都得到了提升，为航空航天公司带来了显著的经济效益。

第二，这一技术的成功应用为航空航天工程提供了新的方法和思路。传统的设计方法往往需要耗费大量的时间和人力，而融合了多目标优化算法和机器学习技术的设计方法，则能够更快速地找到最优的设计方案。这为航空航天领域的设计工作提供了更加高效和可靠的解决方案，有助于提高设计效率和质量。

第三，这一技术的成功应用也推动了飞机设计技术的不断进步。随着航空航天工程的发展，对飞机性能和经济性的要求也越来越高。通过多目标优化算法与

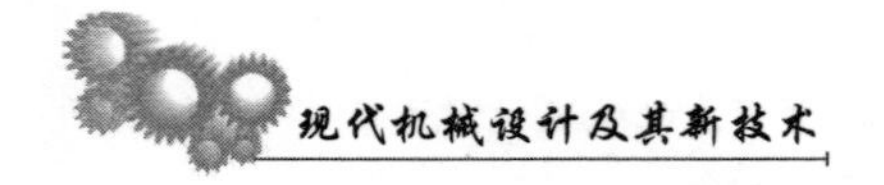

机器学习技术的融合，航空航天公司能够更好地应对这些挑战，为飞机设计技术的不断提升和创新提供了有力支持。

总的来说，多目标优化算法与机器学习技术的融合在航空航天领域的成功应用，不仅为公司带来了经济效益，还为行业的发展和进步做出了重要贡献。这一技术的应用价值不仅体现在实际应用中取得的成果，还体现在为未来的技术创新和发展提供的新思路和方法上。

（三）自动化设计生成

工程咨询公司利用机器学习和生成对抗网络技术，开发了一套自动化建筑设计系统。该系统可以根据用户提供的建筑需求、场地条件和预算限制，自动生成多个符合要求的建筑设计方案。这种自动化设计生成的方法大大加快了设计流程，同时也为设计师提供了更多的创意灵感。

1. 原理：机器学习与生成对抗网络（GAN）的结合

自动化设计生成的实现原理深奥而又充满潜力，其基础在于机器学习算法和生成对抗网络（GAN）等技术的结合。这种融合使得设计领域的自动化程度得到了前所未有的提升，为创新性设计和高效率生产提供了新的可能性。

第一，机器学习算法作为自动化设计生成的基石，扮演着关键的角色。这些算法能够利用大量的设计数据进行学习和分析，从中提取出设计的规律和特征。通过对设计数据的深度学习，机器学习算法可以建立起对设计空间的理解和模型化，进而为自动化设计生成提供必要的基础。机器学习的应用不仅能够识别出设计中的重要参数和影响因素，还能够发现设计空间中的隐藏规律和潜在关联，为后续的设计优化提供了宝贵的线索和指导。

第二，生成对抗网络（GAN）作为一种生成模型，为自动化设计生成注入了新的活力和灵感。GAN 模型由生成器和判别器组成，通过对抗性训练的方式，使得生成器能够生成具有与真实样本相似的新样本。这种生成模型不依赖于任何具体的设计规则或约束条件，而是通过学习样本数据的分布特征，从而能够生成全新的设计方案。在设计领域，这种生成模型的应用极大地扩展了设计的可能性和创意空间，为设计师提供了更多的灵感和创新的可能性。

将机器学习算法和生成对抗网络相结合，可以实现设计的自动化生成。机器学习算法通过对设计数据的学习和分析，提取出设计的关键特征和规律，为设计的自动化生成提供了基础。生成对抗网络则能够在学习样本数据的基础上，生成

符合给定条件的全新设计方案，从而实现根据用户需求和输入条件的自动化设计生成。

这种技术的融合不仅在设计领域具有重要的应用价值，还为其他领域的创新和发展提供了新的思路和方法。在未来，随着技术的不断进步和创新的推动，自动化设计生成技术将在更广泛的领域展现出其巨大的潜力和价值。

2. 应用价值：提高设计效率和产品创新性

自动化设计生成技术的广泛应用为设计领域注入了新的活力，其应用价值体现在多个方面，尤其是提高设计效率和产品创新性方面。

第一，自动化设计生成技术大幅提升了设计效率。传统的设计过程通常需要设计师花费大量的时间和精力来手动创建和调整设计方案。然而，借助自动化设计生成技术，设计师可以在短时间内生成大量的设计方案，并且可以通过快速迭代和优化来实现设计目标。这种高效的设计流程极大地加快了产品开发周期，使得企业能够更快地将新产品推向市场，从而在竞争激烈的市场环境中占据先机。

第二，自动化设计生成技术为设计师提供了更多的创意灵感。通过自动化生成大量的设计方案，设计师可以从中获取新的灵感和创意，激发设计的想象力和创造力。这种多样化的设计选项不仅为设计师提供了更多的选择，还能够帮助他们挖掘出更加前瞻性和创新性的设计方案，从而推动设计的不断进步和发展。

最重要的是，自动化设计生成技术为产品的创新性提供了新的可能性。传统的设计方法往往受限于设计师的经验和想象力，难以突破传统的设计思维模式。然而，自动化设计生成技术能够通过机器学习算法和生成模型生成全新的设计方案，为设计师提供了更多的创新性思路和方向。这种创新性设计方案不仅可以满足消费者对于新颖性和个性化的需求，还能够提升产品的竞争力和市场地位，为企业带来更大的商业价值和经济效益。

二、人工智能技术在工艺优化中的应用案例

针对化工生产中常见的工艺指标异常波动、质量不稳定以及多目标指标协同控制失调等问题，人工智能技术在工艺优化方面展现了巨大潜力。以化工生产工艺为研究目标，我们致力于开发一套智能化的工艺优化系统，旨在提高生产效率、降低生产成本，并确保产品质量的稳定性和一致性。

（一）应用需求分析

为突破关键设备与技术的瓶颈，实现我国化工行业关键技术与卡脖子工程突破，需要借助大数据分析和AI人工智能等手段，对已采集的生产数据、工况数据和过程质量等工业现场数据，进行联动与协同分析、筛选与解析融合，最终形成以生产工艺优化为目标的数据集、模型库和机理模型，为工艺优化提供可靠的AI算法与分析基础。

1. 全要素数据采集需求

在化工行业，生产工艺的优化离不开对各种关键数据的采集与分析。全要素数据采集是实现工艺优化的第一步，它涵盖了生产现场各个环节的数据采集与整合。这些数据不仅包括了生产过程中的工艺参数、工况数据和产品质量数据，还包括了能源消耗、设备运行状态等相关信息。借助AI工业大数据挖掘技术，可以对这些数据进行深度分析，发现数据之间的潜在关系和规律，进而实现工艺的建模与优化。

化工企业需要通过全要素数据采集来获取充分的生产信息，以实现工艺优化的目标。这种数据采集不仅包括了传统的生产数据，还需要涵盖更广泛的范围，例如环境参数、原材料质量、人工操作记录等。这样的数据采集要求对数据的来源、采集频率、存储方式等进行细致的规划和设计，以确保数据的全面性和准确性。

2. 数据共享与联动需求

除了数据的采集外，数据之间的共享与联动也是工艺优化的关键环节。在化工生产过程中，不同的数据之间存在着复杂的关联关系，而这种关联关系往往跨越了不同的部门和系统。因此，化工企业需要建立起完整的数据链，实现不同数据之间的共享与互通。

数据共享与联动的需求体现在多个方面。首先，需要建立统一的数据平台或数据湖，将来自不同部门和系统的数据进行集成和统一管理。其次，需要建立起数据共享的机制，确保不同部门之间能够方便地共享数据资源。同时，还需要建立起数据的联动分析机制，实现数据之间的自动关联和交互，以更好地支持工艺优化的决策和实施。

3.AI智能数据分析与工艺优化需求

对于化工企业而言，单纯地采集和共享数据是远远不够的。更重要的是如何利用这些数据实现工艺优化和技术突破。AI智能数据分析成为化工企业实现这

一目标的关键。通过数据挖掘、联动分析和机器学习等技术手段，可以对采集到的数据进行深度分析，挖掘出隐藏在数据背后的规律和模式。

化工企业需要AI智能数据分析与工艺优化的需求体现在多个方面。首先，需要建立起具有自学习、自分析、自优化能力的AI智能分析算法与机理模型，以支持对生产数据的深度挖掘和分析。其次，需要建立起与工艺优化目标密切相关的数据模型和模型库，为工艺优化决策提供可靠的数据基础。最后，需要不断完善和优化AI智能数据分析系统，使其能够适应不断变化的生产环境和工艺要求，为企业的可持续发展提供有力支持。

（二）功能实现

1. 生产异常AI智能侦测分析

（1）应用场景

生产异常往往通过工艺卡片或操作规程中报警上下限来判断。当某个参数的数值超出上限范围时，即可判断为生产异常并发出报警。一旦报警产生，一定程度上会引起工艺参数或产品质量波动。如果报警处置不及时，更有可能酿成生产事故。因此提前预警，对保障生产安全和提升产品质量具有重要的意义。

在化工实际生产场景中，生产工艺参数繁多、指标复杂，并且参数与指标之间存在强相关性，因此对于异常的发现需逐步推进、逐层解析。首先需要完成以指标为核心的数据档案，根据关键指标及核心参数进行建模，形成单一目标的数据模型，并对单一指标进行降噪处理，以决策树为核心，以回归算法为基础，建立单一指标的黄金曲线，并根据指标允许范围设置上下阈值，在出现预警或异常趋势时，系统自动将预警内容及演变趋势推送至工艺、操作以及DCS操控人员，操控人员通过辅助知识库及人工经验进行提前干预，保持生产平稳。

同时，实际生产执行过程中，需考虑多指标及多指标之间逻辑关系，控制层或生产执行层需要完成多指标的平衡与权重匹配，否则会出现单一指标正常，而生产系统出现报警或波动等现象，因此需要同时对多个指标进行全局场景下的检测与预测。由于多指标之间的逻辑关系，很难迅速做出合理判断，故需从生产系统本身进行数据挖掘，比如单一参数的轻微波动，经过多工序的叠加、滚动则会造成整体生产装置系统的异常，因此需要对单一参数的波动进行实时采集，并且利用相关性分析算法对所关联的指标及后续参数进行归档、建模，最终实现预测分析，同时将预测结果推送至相关操作人员，由操作人员、工艺专家综合判定是否进行优化调整。

（2）单指标异常侦测

单指标异常侦测在工业生产监控中扮演着至关重要的角色。其核心目标在于对工艺指标的实时值和状态进行监测，以及根据预设的上下限指标和统计算法，判断当前状态是否为正常、离群或报警，并及时发出相应的警报或信号。这项技术不仅能够有效监控生产过程中的关键指标，还能提前预警潜在的问题，从而保障生产安全和产品质量。

在单指标异常侦测中，最基本的任务之一是根据用户设定的上下限指标，对工艺指标的实时数值进行监测和判断。超过预设上下限的数值则被判断为报警状态，标志着可能存在严重问题或异常情况的发生。这种基于阈值的判断方法能够快速、直观地发现工艺异常，并及时采取应对措施，以保证生产过程的正常运行。

另一方面，离群点的识别则依赖于统计学中的箱线图算法。通过对数据的统计分析，计算出离群点的上下限，从而确定哪些数值属于离群状态。这种基于统计学原理的方法能够更加客观地识别异常情况，减少了人为主观因素的干扰，提高了异常识别的准确性和可靠性。

在单指标异常监控界面中，通常会优先显示报警点，因为报警状态具有最高的优先级。对于同时存在离群和报警的情况，应优先显示报警状态，因为这意味着可能存在更严重的问题需要立即处理。而仅存在离群但未报警的情况，则次之，因为这可能是一种潜在的风险，需要及时关注和处理。最后，正常状态的指标将被显示在最底部，以示与异常情况的对比，为用户提供全面的监控信息。

（3）多指标异常侦测

选取装置部分关键指标进行多指标异常侦测，包括异常开始的时间、各指标的触发值和持续时间等。建立一张多维数据的数据源表作为异常侦测的数据库，该表中包含选取的多个关键指标和时间字段，该表按最小数采周期为单位存储每个指标的数据。在储存之前，数据需要经过清洗，将异常值去除。

针对多维数据源表中的各类指标数据，利用均值、方差和标准差等工具对数据进行辨识分析，精确识别主成分，同时利用相关性分析、泊松分布和权重分析等算法，抽取相应的主成分数据作为分析对象，同时利用因果分析、回归分析和游程检验等算法建立聚类分析模型。

利用游程检验和灰度预测模型对数据进行分布判断及数据完整性校验，同时

利用 K 相邻回归、SVR 回归和决策树回归等算法对聚类中心数、中心曲线进行判断与选取。根据数据分布，利用距离计算算法如皮尔森相关距离、斯皮尔曼相关距离等算法，对指标数据与中心数据或中心曲线的距离进行相关判定及随机判定，并按照距离的大小进行降序排列。根据企业生产经验及历史数据，选取某个阈值作为异常侦测的依据，在实时生产过程中出现指标数据偏离阈值范围则系统做出异常判定。

2. 过程质量 AI 智能预测（软测量）

（1）应用场景

在工业生产装置中，产品质量的保障是至关重要的，而传统的质量检测方法往往存在着延迟和滞后的问题。通常情况下，产品的质量检测需要通过化验室取样化验分析，而这个过程的周期较长，通常为 4 到 8 个小时，这意味着一旦产品质量出现问题，实际生产已经延迟了相当长的时间。操作调整的滞后会导致不合格产品的积累，进而增加了企业的生产成本，降低了生产效率。

因此，对产品质量进行在线监测和智能预测显得尤为重要。目前，一些装置已经建立了实时数据库系统，用于实时采集和存储生产装置的工艺参数、能耗参数和环保排放参数等数据。同时，这些装置还建立了质量系统，用于监测和存储生产装置的产品质量数据。通过对这些数据的建模和分析，可以实现对产品质量的软测量，即通过与产品质量指标强相关的实时操作数据来估计产品质量的状态。

通过软测量技术，操作人员可以实时了解产品质量的变化趋势，并及时进行操作调整，以保证产品质量处于合格水平。这种实时的操作调整不仅可以避免不合格产品的进一步生产，降低了生产成本和能源消耗，还能够提升生产效率和产品质量的稳定性。在这个过程中，机器学习和人工智能技术的应用是至关重要的，它们能够对大量的实时数据进行高效分析和处理，实现对产品质量的智能预测和控制。

（2）数据整理和对齐

数据清洗后，按照一定规则写入软测量建模的数据源表中。数据源表主要由质量数据和实时数据库系统数据中的相关变量的数据组成。此数据源表作为软测量建模的数据源。质量数据源表包括采样时间、操作参数和产品质量等字段。质量系统中主要包含采样时间和对应的产品质量数据。把质量系统中的数据经过清洗之后写入软测量建模的数据源表。数据源表以产品采样批次为单元写入产品质量数据和操作数据。写入规则如下：质量系统中产品质量数据要与产品采样时间一一对应。把实时数据库系统中的数据经过数据清洗之后写入软测量建模的数据源表中。写入规则如下：对每一个点位号的数据按产品采样批次为单位写入数据源表中。将对应采样时间的操作数据的瞬时值，按照一定的滞后时间与产品质量数据进行对齐。滞后时间需要根据业务知识和经验进行估算。

（3）R 语言读取、计算和结果输出

在工业生产过程中，通过软测量建模对产品质量进行在线监测和预测具有重要的意义。为了实现这一目标，可以利用 R 语言来读取、计算和输出模型结果。

首先，需要读取软测量建模数据源表。这些数据源表包含了大量的生产工艺参数、能耗参数和产品质量数据，是建立模型的基础。通过 R 语言中的数据读取函数，可以方便地将这些数据加载到内存中进行处理和分析。

接着，从读取的数据中选取 3/4 的数据用来训练模型，而剩下的 1/4 的数据用来测试模型。在训练模型时，可以使用 R 语言中各种机器学习算法，如线性回归、支持向量机、随机森林等，来构建预测模型。然后，利用选取的测试数据对模型进行验证，计算模型预测结果与真实数据之间的相对误差。

如果测试结果的相对误差满足预先设定的阈值，即说明模型在当前参数下的预测性能良好，测试通过。否则，就需要重新调整模型参数，例如调整算法参数、增加特征变量或者尝试其他算法，直至测试通过为止。

另外，为了实现产品质量的在线监测和异常分析功能，还需要将实时的操作数据接入到模型中。这些操作数据可以包括生产工艺参数、设备运行状态等信息。通过 R 语言中的实时数据处理函数，可以实时地将这些数据输入到模型中进行计算，从而得到当前时刻的产品质量预测结果。

3. 生产工艺 AI 优化建模分析

（1）应用场景

化工生产工艺存在多个工序，并且每个工序均存在单独的生产工艺与控制策略，因此需要将完整的生产工艺进行拆分，形成多个优化分析目标。首先完成单一目标的优化分析，然后将多个单一目标进行联动分析，形成多目标协同与联动分析，才能够完成对整体生产工艺的智能分析与优化。优化分析模型分为单一目标优化分析模型和多目标优化分析模型。单一目标优化模型，可以挖掘历史上最好操作进行固化，实现操作经验传承。可与其他基于机理模型的优化软件互补使

用。通过采集工业装置或者设备的原材料及关键变量的历史数据，将生产过程或者运行过程划分为多种操作模式。一方面，分别计算每种生产模式下，目标参数最优时强相关变量的取值。另一方面，基于操作模式的变化，实时推荐最佳的操作参数。

在生产优化的应用场景中，优化的目标往往是多维的。因此，多目标优化与单目标优化模型相比更具有价值，能为企业带来更大的收益。多目标优化模型可同时选取多个目标进行优化计算，可以挖掘历史上最好的操作经验进行固化，实现操作经验的传承。由于是对历史上操作经验的挖掘，通过机理模型将优化值进一步提升，优化分析模型会自动更新优化方案，并在下一次的优化计算中，推送新优化方案。所以优化分析模型具有自学习功能，能够不断学习新优化方法，持续丰富针对每种生产模式的优化方案库，给用户带来经济效益的持续性提高。

（2）实现过程

优化分析是指在操作样本库中，搜索某类工况条件下目标的最优值及其对应的强相关的操作变量。其实现过程包括以下六个步骤：数据辨识、主成分分析、参数化建模、建立操作样本库、在线滚动优化、模型仿真与寻优。

①数据辨识

从数据源的角度出发，数据辨识旨在深入分析数据本身的特征和属性，揭示数据之间的内在规律和相关性，以及数据出现的概率和频率，从而为后续的建模和分析工作提供可靠的基础。

首先，数据辨识需要对单体设备的数据深入地分析和理解。这包括了对数据的迭代方式的识别。迭代方式指的是数据在时间或空间上的变化规律，可以是周期性、趋势性或随机性等。通过对数据的时间序列分析或空间分布分析，可以揭示数据的迭代方式，为后续建模提供参考。

其次，数据辨识还需要分析数据之间的相关性。在工业生产过程中，不同的数据之间往往存在着一定的相关性，即某些数据的变化会对其他数据产生影响。通过统计分析、相关性分析或者机器学习算法，可以揭示数据之间的相关性关系，为建立模型和进行预测提供支持。

另外，数据辨识还需要对数据出现的概率和频率进行分析。这包括对数据的分布特征、出现频率和概率密度等进行统计和分析。通过概率统计方法或频率分析技术，可以揭示数据的分布规律，帮助我们更好地理解数据的性质和行为。

最后，数据辨识还需要校验是否有数据遗漏造成模型不可用的情况。在数据采集和记录过程中，如果存在数据遗漏或者异常数据，将会影响到后续建模和分析的结果。因此，需要对数据进行完整性校验和质量评估，确保数据的准确性和可靠性。

②主成分分析

为了更好地理解和利用这些数据，主成分分析（Principal Component Analysis，PCA）被广泛应用于工业领域。主成分分析是一种多变量统计方法，旨在通过线性变换将原始数据转换为一组线性无关的主成分，从而减少数据的维度并保留尽可能多的信息。

首先，进行主成分分析之前，需要对辨识后的数据进行预处理，包括数据清洗、缺失值处理和标准化等。然后，利用主成分分析技术对数据进行降维处理，将原始数据转换为一组新的主成分，以减少数据的维度。通过选择合适的主成分数量，可以保留大部分数据的信息，并且减少数据的冗余性。

在主成分分析的执行过程中，需要考虑到主成分之间的耦合性。耦合性指的是不同主成分之间的相关性和相互影响程度。为了综合判定和建模主成分的耦合性，可以利用权重和相关性分析等方法。权重分析可以确定每个主成分对原始数据的贡献程度，从而确定主成分的重要性。相关性分析则可以揭示不同主成分之间的相关性关系，帮助理解主成分之间的相互影响。

通过主成分分析，可以实现对工业数据的降维和提取关键信息，从而更好地理解和利用工业生产过程中的数据。主成分分析不仅可以帮助发现数据之间的内在规律和模式，还可以为后续的建模和分析工作提供重要的参考和支持。因此，主成分分析在工业领域具有重要的应用价值，有助于提高工业生产过程的效率和质量。

③参数化建模

根据工艺及优化目标的要求，对数据进行主成分分析，完成降维建模，然后对数据进行聚类、分类以及权重影响分析，同时再次利用灰色预测模型对不确定数据、变量进行预测分析，保证模型的可靠性。

④建立操作样本库

建立中间过程质量、工艺参数和关键指标的操作逻辑及数据矩阵，利用矩阵模型形成全要素的数据链条，其字段除时间、工况类型和过程质量字段，其他字

段均为与该优化变量强耦合的操作变量。

⑤在线滚动优化

输入历史数据，对模型进行检验，跟踪运算过程及结果，利用决策树回归、K 回归、非线性 SVR 回归和神经网络回归等机器学习算法，对模型进行滚动、持续优化。

⑥模型仿真与寻优

模型优化完成后，再次利用历史数据进行检验分析，检验完成后对接生产控制系统，对实时生产优化进行预测分析，但是不直接控制生产，将优化结果与真实操控结果进行对比分析，找出仍存在误差的内容，反馈至在线滚动优化模型中进行真实数据滚动优化及持续在线寻优。

（三）效果

生产异常侦测是工业生产过程中至关重要的环节，它通过对实际生产工艺、装置及指标的监测与分析，能够及时发现和识别潜在的异常情况，为生产过程的稳定性和可靠性提供保障。在实际应用中，生产异常侦测可以分为单一指标异常分析和多指标异常分析两种方式，并根据用户需求灵活地结合使用。针对关键指标和参数，异常侦测系统能够快速识别出异常情况，并记录异常的影响范围、调优时间需求和出现频率等信息，形成标准化的生产流程和操作指导库。

在异常侦测模型的分析计算过程中，基于机理模型、专家模型、统计学模型和大数据模型的融合应用，采用了数据清洗、降维、关联分析等多种手段，以构建完整的因果链路。这使得异常侦测系统能够连续获取间歇性的结果，并为生产和监测提供了在线检测手段。通过前置参数和过程变量的监测，生产人员可以及时了解中间关键参数和产品质量情况，甚至提前介入以增加良品率，从而实现对生产效率的提升和生产计划的合理安排。

异常侦测模型的应用不仅能够有效降低生产过程中的报警数量，还能节省操作调优时间，从而提高生产效率。根据实际应用情况，异常侦测系统的性能表现通常能够使报警数量降低 20% ~ 25%，操作调优时间节省 15% 左右。这种效果的实现不仅对企业的生产管理和质量控制具有重要意义，同时也为工业生产领域的智能化和自动化发展提供了有力支持。

参考文献

[1] 高翊 . 现代机械设计制造工艺和精密加工技术 [J]. 中国金属通报，2022（05）：70-72.

[2] 李书明 . 机械设计制造工艺及精密加工技术 [J]. 现代制造技术与装备，2021，57（07）：145-146.

[3] 贾娟娟，徐孝昌 . 基于模具 CAD/CAE 技术的复杂面板注塑模具设计 [J]. 塑料工业，2020（6）：78-82.

[4] 耿乾坤 . 汽车机械自动化加工技术探讨 [J]. 时代汽车，2020（15）：123-124.

[5] 朱振杰，杨振怡 . 三维 CAD 技术在机械产品制造中的应用研究 [J]. 科技与创新，2016（2）：144.

[6] 孙琳琳 .CAD 技术在机械制图中的运用分析 [J]. 内燃机与配件，2022（06）：255-257.

[7] 韦良刚 . 机械 CAD 与机械制图及测量技术的融合应用研究 [J]. 造纸装备及材料，2023，52（03）：108-110.

[8] 王建祥，刁丽娜，林立松，等 . 课程思政背景下 CAD 与机械制图课程教学改革的研究 [J]. 山东农业工程学院学报，2021，38（10）：119-123.

[9] 范盈圻 . 机械 CAD 与机械制图及测量技术的融合应用实践 [J]. 机械设计，2021，38（11）：150.

[10] 胡静 . 论 CAD 技术与机械制图的融合发展路径 [J]. 南方农机，2017，48（20）：93-93.

[11] 陈誉东 . 自动化技术在汽车制造行业中的应用分析 [J]. 汽车与驾驶维修（维修版），2018（7）：187-188.

[12] 谭里民 . 浅谈机器人在汽车制造自动喷涂工艺上的运用 [J]. 自动化应用，2018（9）：77-78，89.

[13] 陈怡竹 . 工业机器人在汽车智能制造生产线中的应用 [J]. 内燃机与配件，2019（21）：255-256.

[14] 梁盈富，祝战科 . 汽车轮毂生产线智能制造系统总体架构的设计与研究 [J]. 工业仪表与自动化装置，2018（4）：61-64.

[15] 徐洪亮 . 智能化汽车产线教培实训系统构建的研究：以长春汽车工业高等专科学校为例 [J]. 太原城市职业技术学院学报，2022（5）：97-100.

[16] 钱菊 . 浅谈机电一体化技术在汽车工业机器人中的应用 [J]. 内燃机与配件，2021（8）：201-202.

[17] 杨婧文 . 智能制造机器人在汽车制造中的应用 [J]. 汽车维护与修理，2020（14）：71-73.

[18] 高慧 . 工业机器人对汽车行业的影响研究 [J]. 内蒙古煤炭经济，2017（8）：19-20.